全球变化热门话题丛书

主　编　秦大河
副主编　丁一汇　毛耀顺

干 旱

Ganhan

宋连春　邓振镛　董安祥等 编著

气象出版社

图书在版编目(CIP)数据

干旱/宋连春等编著. —北京:气象出版社,2003.3(2012.8 重印)

(全球变化热门话题/秦大河主编)

ISBN 978-7-5029-3551-1

Ⅰ. 干… Ⅱ. 宋… Ⅲ. 干旱-普及读物

Ⅳ. P426.616-49

中国版本图书馆 CIP 数据核字(2003)第 016504 号

气象出版社出版

(北京市海淀区中关村南大街 46 号 邮编:100081)

总编室:010－68407112 发行部:010－68409198

网址:http://www.cmp.cma.gov.cn E-mail:qxcbs@cma.gov.cn

责任编辑:黄丽荣 张 斌 终审:周诗健

封面设计:新视窗工作室 责任技编:刘祥玉 责任校对:悟 石

*

北京京科印刷有限公司印刷

气象出版社发行 全国各地新华书店经销

*

开本:889×1194 1/32 印张:5.5 彩插:2 字数:143 千字

2003 年 3 月第一版 2012 年 8 月第四次印刷

印数:10001～15000 定价:18.00 元

本书如存在文字不清、漏印以及缺页、倒页、脱页等,请与本社

发行部联系调换

序　言

全球变化科学是从 20 世纪 80 年代发展起来的一个新兴的科学领域。其研究对象是气候系统(包括岩石圈、大气圈、水圈、冰冻圈和生物圈)、各子系统内部以及各子系统之间的相互作用。它的科学目标是描述和理解人类赖以生存的气候系统运行的机制、变化规律以及人类活动在其中所起的作用与影响,从而提高对未来环境变化及其对人类社会发展影响的预测和评估能力。近 20 年来,全球变化的研究方向经历了重大调整。首先是从认识气候系统基本规律的纯基础研究为主,发展到与人类社会可持续发展密切相关的一系列生存环境实际问题的研究;其次是从研究人类活动对环境变化的影响,扩展到研究人类如何适应和减缓全球环境的变化。全球变化的研究已经取得了重大的进展。

气候变化是全球变化研究的核心问题和重要内容。科学研究表明,近百年来,地球气候正经历一次以全球变暖为主要特征的显著变化。近 50 年的气候变暖主要是人类使用矿物燃料排放的大量二氧化碳等温室气体的增温效应造成的。现有的预测表明,未来 50~100 年全球的气候将继续向变暖的方向发展。这一增温对全球自然生态系统和各国社会经济已经产生并将继续产生重大而深刻的影响,使人类的生存和发展面临巨大挑战。

自工业革命(1750 年)以来,大气中温室气体浓度明显增加。大气中二氧化碳的浓度目前已达到 368 ppmv(百万分之一体积),这可能是过去 42 万年中的最高值。增强的温室效应使得自 1860 年有气象仪器观测记录以来,全球平均温度升高了 0.6 ± 0.2℃。

最暖的14个年份均出现在1983年以后。20世纪北半球温度的增幅可能是过去1 000年中最高的。降水分布也发生了变化。大陆地区尤其是中高纬地区降水增加,非洲等一些地区降水减少。有些地区极端天气气候事件(厄尔尼诺、干旱、洪涝、雷暴、冰雹、风暴、高温天气和沙尘暴等)的出现频率与强度增加。近百年我国气候也在变暖,气温上升了0.4~0.5℃,以冬季和西北、华北、东北最为明显。1985年以来,我国已连续出现了17个全国大范围暖冬。降水自20世纪50年代以后逐渐减少,华北地区出现了暖干化趋势。

对于未来100年的全球气候变化,国内外科学家也进行了预测。结果表明:(1)到2100年时,地球平均地表气温将比1990年上升1.4~5.8℃。这一增温值将是20世纪内增温值(0.6℃左右)的2~10倍,可能是近10 000年中增温最显著的速率。21世纪全球平均降水将会增加,北半球雪盖和海冰范围将进一步缩小。到2100年时,全球平均海平面将比1990年上升0.09~0.88 m。一些极端事件(如高温天气、强降水、热带气旋强风等)发生的频率会增加。(2)我国气候将继续变暖。到2020~2030年,全国平均气温将上升1.7℃;到2050年,全国平均气温将上升2.2℃。我国气候变暖的幅度由南向北增加。不少地区降水出现增加趋势,但华北和东北南部等一些地区将出现继续变干的趋势。

气候变化的影响是多尺度、全方位、多层次的,正面和负面影响并存,但它的负面影响更受关注。全球气候变暖对全球许多地区的自然生态系统已经产生了影响,如海平面升高、冰川退缩、湖泊水位下降、湖泊面积萎缩、冻土融化、河(湖)冰迟冻与早融、中高纬生长季节延长、动植物分布范围向极区和高海拔区延伸、某些动植物数量减少、一些植物开花期提前等等。自然生态系统由于适应能力有限,容易受到严重的、甚至不可恢复的破坏。正面临这种危险的系统包括:冰川、珊瑚礁岛、红树林、热带雨林、极地和高山生态系统、草原湿地、残余天然草地和海岸带生态系统等。随着气候变化频率和幅度的增加,遭受破坏的自然生态系统在数目上会有所增加,其地理范围也将增加。

气候变化对国民经济的影响可能以负面为主。农业可能是对气候变化反应最为敏感的部门之一。气候变化将使我国未来农业生产的不稳定性增加,产量波动大;农业生产布局和结构将出现变动;农业生产条件改变,农业成本和投资大幅度增加。气候变暖将导致地表径流、旱涝灾害频率和一些地区的水质等发生变化,特别是水资源供需矛盾将更为突出。对气候变化敏感的传染性疾病(如疟疾和登革热)的传播范围可能增加;与高温热浪天气有关的疾病和死亡率增加。气候变化将影响人类居住环境,尤其是江河流域和海岸带低地地区以及迅速发展的城镇,最直接的威胁是洪涝和山体滑坡。人类目前所面临的水和能源短缺、垃圾处理和交通等环境问题,也可能因高温、多雨而加剧。

由于全球增暖将导致地球气候系统的深刻变化,使人类与生态环境系统之间业已建立起来的相互适应关系受到显著影响和扰动,因此全球变化特别是气候变化问题得到各国政府与公众的极大关注。

1979年的第一次世界气候大会(主要由科学家参加)宣言提出:如果大气中的二氧化碳含量今后仍像现在这样不断增加,则气温的上升到20世纪末将达到可测量的程度,到21世纪中叶将会出现显著的增温现象。1990年11月,第二次世界气候大会(由科学家和部长参加)通过了《科学技术会议声明》和《部长宣言》,认为已有一些技术上可行、经济上有效的方法,可供各国减少二氧化碳的排放,并提出制定气候变化公约的问题。1991年2月联合国组成气候公约谈判工作组,并于1992年5月完成了公约的谈判工作。1992年6月联合国环境与发展大会期间,153个国家和区域一体化组织正式签署了《联合国气候变化框架公约》。1994年3月21日公约正式生效。截止到2001年12月共有187个国家和区域一体化组织成为缔约方。公约缔约方第一次大会于1995年3月在德国柏林召开。经过两年的艰苦谈判,1997年12月在日本京都召开的公约第三次缔约方大会上通过了《京都议定书》，为发达国家规定了到2008～2012年的具体的温室气体减排义务。

1988年11月世界气象组织和联合国环境规划署建立了"政府间气候变化专门委员会（IPCC）"，其主要任务是定期对气候变化科学知识的现状、气候变化对社会和经济的潜在影响，以及适应和减缓气候变化的可能对策进行评估，为各国政府和国际社会提供权威的科学信息。自成立以来，IPCC已组织世界上数以千计的不同领域的科学家完成了三次评估报告及"综合报告"。目前，IPCC正在准备编写第四次评估报告，将于2007年完成。此外，还组织编写了许多特别报告、技术报告。IPCC组织编写的这些评估报告，作为制定气候变化政策和对策的科学依据提交给国际社会和各国政府。它不仅为各国政府部门制定气候变化对策提供了科学信息，而且也直接影响着《联合国气候变化框架公约》及《京都议定书》的实施进程，并在荒漠化、湿地等其他国际环境公约的活动中发挥着越来越大的作用。

全球气候变化问题，不仅是科学问题、环境问题，而且是能源问题、经济问题和政治问题。全球气候变化问题将给我国带来许多挑战、压力和机遇。

国际上要求我国减排温室气体的压力越来越大。目前我国二氧化碳排放量已位居世界第二，甲烷、氧化亚氮等温室气体的排放量也居世界前列。预测表明，到2025～2030年间，我国的二氧化碳排放总量很可能超过美国，居世界第一位；目前低于世界平均水平的我国人均二氧化碳排放量可能达到世界平均水平。由于技术和设备相对落后、陈旧，能源消费强度大，我国单位国内生产总值的温室气体排放量比较高。

我国减排温室气体的潜力受到能源结构、技术和资金的制约。煤是我国的主要能源，在我国一次能源消费中，煤炭约占70%。受能源结构的制约，我国通过调整能源结构来减少二氧化碳排放量的潜力有限。如果近期就承担温室气体控制义务，我国的能源供应将受到制约。同时,因缺少相应的技术支撑,我国的经济发展将受到严重影响。因此,我国的能源结构和减排成本决定了我国不可能过早地承诺减排义务。在相当一段时期内,我国应坚持"节约能源、优化能源结构、提高能源利用效率"的能源政策,但是需要相当的技术和资金作为保证。目前发达国家希望通过"清洁发展机制(CDM)"项目,从发展中国家获得减排抵消额。这将为发展中国家获得新的投资和技术转让带来机遇。

我国党和政府对气候变化问题一直非常重视,早在1986年就成立了国家气候委员会,其职责是参加国际有关组织相应的活动,并在开展气候研究、预报、服务等工作中,负责对外的国际合作、交流,对内起到组织协调的作用,并与各有关部门共同协商、配合工作,充分发挥各有关单位的积极性,使气候科学更好地为国家建设服务。1995年成立了国家气候中心,专门从事气候监测、预测和评价等工作,为我国经济建设和社会发展提供了卓有成效的服务。目前,气候变化与生态环境问题已引起党和政府的高度关注。但是总体来看,迄今为止我国还未把适应与减缓气候变化影响的问题真正提上议事日程,这方面的研究仍十分薄弱和不足。由于全球气候变暖可能给我国自然生态系统和社会经济部门带来难以承受的、不可逆转的、持久的严重影响。因此,应对全球气候变暖的影响,趋利避害,应成为我国实施可持续发展时必须重视的问题之一。需要全面深入研究气候变化对我国自然生态系统和国民经济各部门的影响后果、可采取的适应与减缓措施,并在对其进行成本-效益分析的基础上,提出我国适应与减缓气候变化影响的规划和行动计划。

为了宣传和普及气候和气候变化方面的科学知识,提高公众在全球变化问题上的科学认识,我们组织编撰出版这套《全球变化热门话题》丛书。本套丛书一共18册,由国内相关领域的知名专家撰稿,内容包括以下三方面:一是以大量监测数据为基础,揭示全球变化的若干事实及其在各个分系统中的表现形式;二是以太阳辐射、大气化学、大气物理、环境和生态演变等多学科交叉理论为基础,深入浅出地阐述气候变化的成因;三是以可持续发展理论为指导,提出人类适应和减缓全球变化的各种对策、途径和方法。该丛书的出版,旨在使人们对全球变化有清醒而全面的科学认识,从而更加关注全球变化,并且在更高的层次上、更广泛的范围内认识我国在全球变化中的地位和作用,自觉参与人类社会的共同决策,保护人类赖以生存的地球环境。

国家气候委员会主任
中国气象局局长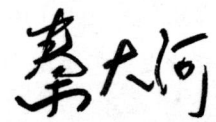

2003 年 3 月 23 日

目　　录

第一章　干旱地理分布 (1)
全球范围 (1)
热带干旱与半干旱气候区 (2)
副热带干旱与半干旱气候区 (5)
温带干旱与半干旱气候区 (6)
中国范围 (7)
中国干旱、半干旱气候区的划分 (7)
干旱、半干旱气候区的降水特征 (7)

第二章　干旱的历史变化 (9)
解放前干旱史实 (9)
最早的干旱记载 (9)
近二千年干旱 (10)
近五百年干旱 (11)
近五十年干旱史实 (15)
1949~1990 年干旱灾害 (15)
1991~2001 年干旱灾害 (18)
重大干旱事件 (19)
1637~1642 年崇祯十年至十五年特大旱灾 (20)
1876~1878 年清光绪二年至四年大旱 (21)
1929 年特大旱灾 (21)
二千年大旱 (23)

第三章　干旱监测 ……………………………………… (28)
卫星遥感 ……………………………………………… (29)
用热惯量方法监测土壤干旱 ………………………… (29)
植被供水指数法监测干旱灾害 ……………………… (30)
距平植被指数法监测干旱灾害 ……………………… (31)
"3S"技术 ……………………………………………… (32)
地理信息系统 ………………………………………… (32)
全球定位系统 ………………………………………… (32)
定西干旱气象与生态环境试验基地 …………………… (33)
基地在全国干旱监测中的地位和作用 ……………… (33)
基地干旱监测设备及条件 …………………………… (34)
今后的发展方向 ……………………………………… (35)

第四章　干旱指标 ……………………………………… (36)
大气干旱指标 ………………………………………… (37)
用史料评定旱涝等级 ………………………………… (37)
用降水资料确定旱涝等级 …………………………… (38)
农业干旱指标 ………………………………………… (40)
土壤湿度 ……………………………………………… (40)
土壤有效水分贮存量 ………………………………… (41)
水分供求差 …………………………………………… (41)
帕默尔干旱指数 ……………………………………… (41)
牧业干旱指标 ………………………………………… (42)
草地干旱指标 ………………………………………… (42)
黑灾指标 ……………………………………………… (42)
水文干旱指标 ………………………………………… (43)
粮食减产率指标 ……………………………………… (43)

第五章　干旱气候变化 …… (44)
三种时间尺度气候变化 …… (44)
　　千年尺度气候变化 …… (44)
　　百年尺度气候变化 …… (46)
　　年代际尺度气候变化 …… (47)
干旱的周期性 …… (48)
干旱的空间分布 …… (49)
季节干旱的空间分布 …… (49)
　　春旱 …… (49)
　　夏旱 …… (50)
　　秋旱与冬旱 …… (52)
　　季节连旱 …… (52)

第六章　全球气候变化与干旱 …… (54)
全球气候变化的基本事实 …… (54)
中国气候变化的基本事实 …… (55)
未来气候变化情景展望 …… (56)
未来气候变化的可能影响 …… (57)
　　对水资源的影响 …… (57)
　　对生态环境变化的影响 …… (58)

第七章　干旱形成原因 …… (59)
冷暖与干湿 …… (59)
地理位置、地形 …… (61)
　　西北干旱区的形成 …… (61)
　　不同地形对降水的影响 …… (62)
下垫面 …… (64)
　　地面反照率 …… (64)
　　沙漠化 …… (65)

  青藏高原 ··· (66)
  大气环流 ··· (68)
    中国西北地区 ··· (68)
    中国东部 ··· (69)
  人类活动 ··· (70)
第八章 干旱短期气候预测技术 ······························· (74)
  干旱短期气候预测的发展过程 ··························· (75)
    简单的经验统计分析 ································· (75)
    数理统计方法的广泛应用 ····························· (75)
    物理统计方法的深入发展 ····························· (76)
    物理统计与动力数值方法相结合的新阶段 ············· (77)
  干旱短期气候预测技术 ·································· (77)
    实现了动力与统计相结合 ····························· (78)
    增强了物理基础 ····································· (78)
    提高了综合决策能力 ································· (79)
    增强了业务预测能力 ································· (80)
    提高了客观化、可视化、自动化的现代水平 ··········· (80)
  西北地区干旱监测预测服务综合业务系统 ··············· (81)
    系统特点 ··· (81)
    系统结构 ··· (82)
    干旱监测子系统 ····································· (82)
    干旱预测子系统 ····································· (83)

第九章 干旱短期气候预测展望 ···························· (88)
  干旱预测几个问题 ······································ (88)
    统计学方法的基本假设 ······························· (88)
    动力学与统计学相融合 ······························· (89)
    集成预报 ··· (90)

干旱气候预测理论及方法 (90)
干旱气候预测理论探讨 (90)
干旱气候预测方法探讨 (92)
干旱短期气候预测的展望 (95)
加强动力数值预报方法的研究 (95)
改进提高物理统计预测方法 (95)

第十章 干旱与水资源 (99)
黄河 (100)
内陆河 (102)
塔里木河 (104)
疏勒河 (104)
黑河 (105)
石羊河 (107)
内陆湖泊 (107)
艾丁湖 (107)
青海湖 (108)
冰川积雪 (109)
地下水 (110)

第十一章 干旱对生态环境的影响 (112)
干旱气候与生态环境 (112)
干旱与荒漠化 (115)
干旱与沙漠化 (118)
干旱与沙尘暴 (121)
干旱与绿洲 (125)
干旱与城市污染 (128)

第十二章 干旱对经济社会发展的影响 (132)
干旱与种植业 (132)

干旱与畜牧业……………………………………………(135)
　　干旱与林业………………………………………………(136)
　　干旱与旅游………………………………………………(137)
　　干旱与人类社会活动……………………………………(140)
第十三章　干旱与可持续发展……………………………(143)
　　干旱灾害与可持续发展…………………………………(143)
　　干旱气候资源与可持续发展……………………………(145)
第十四章　干旱与防灾减灾………………………………(147)
　　改善生态环境……………………………………………(147)
　　优化农业结构……………………………………………(148)
　　提高水资源的利用率……………………………………(149)
　　　开发土壤水库…………………………………………(149)
　　　实施集水节灌农业……………………………………(152)
　　　推广旱作地膜带田……………………………………(153)
　　　大力开发空中水资源…………………………………(155)
主要参考文献…………………………………………………(157)
后记……………………………………………………………(161)

第一章

干旱地理分布

全球范围

地球绕地轴自转、绕太阳公转,由于地轴倾斜,这两种运动的结果在地球上产生昼夜交替、季节变化和自然地带性差异等现象。在地球的地面性质差异之间,最显著的是海陆差别,它形成了地球上三类极不相同的气候,即大陆型气候、海洋型气候和季风气候。

大陆型气候在大陆内部形成。其主要特点是冬夏温度差异大、降水少,气候干旱。内陆沙漠地带是大陆型气候的一种极端表现。它又称为干旱气候和半干旱气候。海洋型气候主要在洋面上及海洋影响大的部分大陆地区。其特点是冬夏温度变化不大,气候潮湿,又称为湿润气候和半湿润气候。季风气候主要在某些海陆毗连的地区出现,它是海陆温差冬夏不同引起的,主要特点是冬季为大陆型气候,夏季属海洋型气候,是海洋和大陆交互影响的地区。

干湿气候区的划分,由气候干燥度来决定,气候干燥度是指长有植物地区的最大可能蒸发量与降水量之比。干燥度 1.50～3.49 为半干旱气候区，干燥度 ≥3.5 为干旱气候区。

地球上广大副热带反气旋中心具有大范围下沉气流，由于气流下沉绝热增温与压缩逆温效应使气团干燥度增大。位于海洋上副热带反气旋东侧的大陆西部沿海岸地区，海洋上盛行冷洋流，大气层结稳定，进一步增强了反气旋边缘（东侧）抑制降水的效应。因此，干旱气候出现副热带大陆西缘的海岸附近。如北非、南非、北美、南美的副热带西海岸。

在副热带内陆地区，如北半球即使近地面层有强烈的加热空气效应，但由于对流层中层的下沉运动占优势，使降水过程受到抑制，增强了气团的干燥度，构成了在地球上副热带大陆上连片出现的干旱气候。从北非西海岸一直延伸到亚洲内部的干旱带就是明显的例证。在北美、南美和澳洲的内陆地区也存在这类干旱气候。

下沉气流及抑制降水的机制并非仅仅限制在副热带。例如，干旱气团控制地区也出现在赤道非洲、亚洲、美洲的温带内陆。从中亚到中国的新疆、甘肃、青海、内蒙古的大片干旱气候区处于亚洲温带内陆地区的干旱带。主要原因是它们位于远海内陆山脉的背海风一侧，海风不易到达，又有气流下沉效应，气旋越过山脉后，也会遇到截断与削弱。图 1.1 为世界干旱气候分布图。

热带干旱与半干旱气候区

热带干旱与半干旱气候出现在副热带高压带及信风带的大陆中心和大陆西岸，平均位置约在纬度 15°～25°之间，因干旱程度和气候特征不同，可分热带干旱气候型、热带西海岸多雾干旱气候型和热带半干旱气候型。

热带干旱气候　典型的热带干旱气候区有非洲撒哈拉沙漠、卡拉哈里沙漠，西亚、南亚的阿拉伯大沙漠、塔尔沙漠、澳大利亚西部和中部沙漠，南美的阿塔卡马沙漠等。这里的气候特点是：降水量少而

第一章 干旱地理分布 · 3

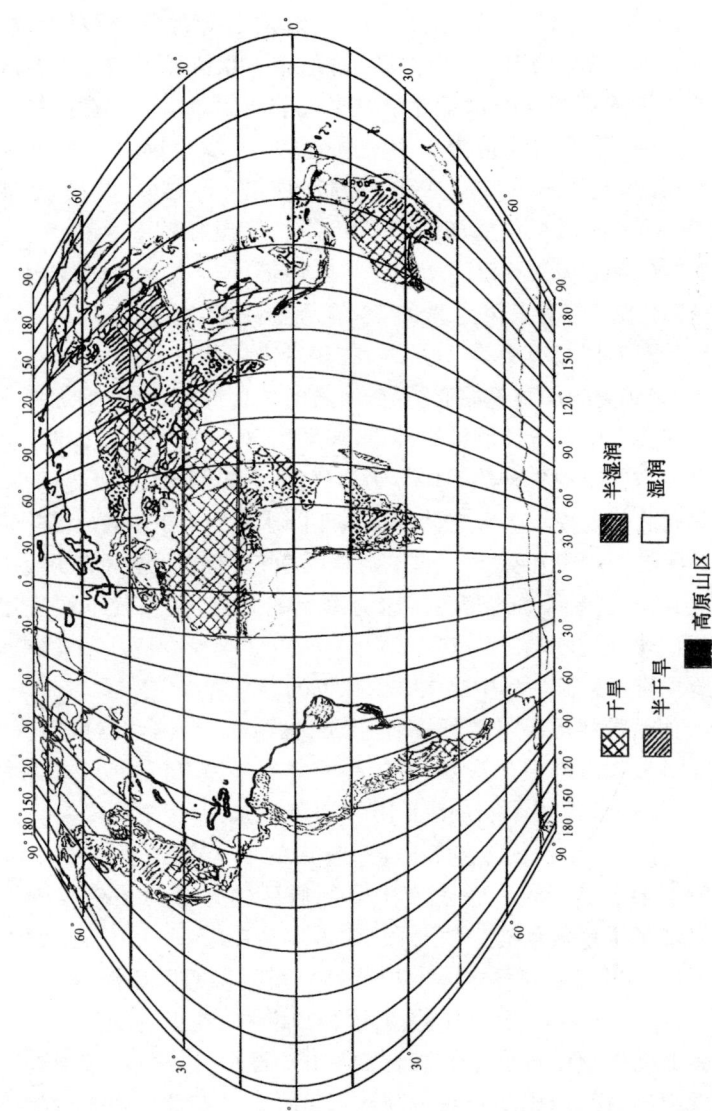

图1.1 世界干旱气候分布

变率大;云量少,日照强烈;气温高,日较差大;蒸发强,相对湿度小。智利的伊基克曾经连续 4 年无雨,而某年一次阵雨竟降了635 mm。这里的所谓多年平均降水量并没有多大的实际意义。在撒哈拉沙漠的 12 月和 1 月平均云量为 1/10;6～10 月平均云量为 1/30。在撒哈拉沙漠的比及—米哈,1978 年 12 月 25 日白天最高气温达37.2℃,而夜间最低气温却降到 -0.6℃,气温日较差达37.8℃,是真正的"早穿皮袄午穿纱"的气候。在热带干旱气候区蒸发力非常强,可能蒸散量约为其降水量的 20 倍乃至百倍以上。

热带西海岸多雾干旱气候型 在热带大陆西岸,有冷流经过的海滨地带,如北美的加利福尼亚冷流、南美的秘鲁冷流、北非的加那利冷流和南非的本格拉冷流的沿岸地带,纬度在20°～30°附近,个别地区可伸至 10°左右,出现一种热带多雾干旱气候。这里降水量极为稀少,如南美智利北部港埠城市安托法加斯塔年降水量只有0.4 mm。比热带内陆干旱区的降水量还要少。这主要是因为它们位于副热带高气压的东部边缘,盛行着下沉气流,再加上冷流的影响,使空气下层气温降低,有明显的逆温现象,空气层结稳定,所以多雾而少雨。如非洲西南部的斯瓦科普蒙德一年中有 150 天以上的雾日。

这种热带多雾干旱气候多低层云,日照不强,相对湿度很大,再加上在海滨有海陆风的影响,沿岸夏季气温很凉,气温年较差大大减小,同样日较差也很小,如南美秘鲁的莫克瓜平均气温日较差只有5.5℃左右,相当于一般热带干旱气候区的 1/3 弱。

热带半干旱气候 在热带干旱气候区的外缘为热带半干旱气候。热带半干旱气候有一短暂雨季,年雨量在250～750 mm。它的雨季出现在正午太阳高度角大的季节如非洲乍得的恩贾梅纳。在5～10月,正午太阳高度角大时,因赤道低压北移,这里受到热带海洋气团和赤道低压槽中辐合上升气流的影响,因而有一短暂的雨季。在其余大半年时间内则受副热带高压下沉气流和东北信风带来的热带大陆气团的影响,干燥无雨。

副热带干旱与半干旱气候区

副热带干旱与半干旱气候区位于热带干旱气候向高纬度一侧，它是在副热带高压下沉气流和信风带背风海岸的作用下形成的。主要分布地区为南北纬25°～35°大陆西岸和内陆地区，出现在北非、近东、美国西南部和墨西哥北部，澳大利亚南部、阿根廷和非洲南部部分地区。

因干旱程度不同可分为副热带干旱气候与副热带半干旱气候。

副热带干旱气候 副热带干旱气候是热带干旱气候的延伸，亦具有少雨、少云、日照强、气温高、蒸发大等特点。但由于纬度位置稍高，与热带干旱气候相比有以下两点差异：

- 凉季气温较低，年较差比热带沙漠大。该区在盛夏期间烈日高照，又在热带大陆气团控制下，其酷热程度与热带沙漠相似。如美国西部干旱区亚利桑那州的尤马，曾经出现连续80天白昼最高气温在38℃以上，最热月平均气温达33℃。但1月份个别日子最低气温可降至0℃以下，1月平均气温为13℃，气温年较差达20℃。
- 凉季有气旋雨。土壤蓄水量比热带沙漠大；在凉季温带气旋路径偏南时，有少量的气旋雨，在8月份当热带海洋气团侵入时，有少量的对流雨，所以土壤蓄水量比热带沙漠大。

副热带半干旱气候 它出现在副热带干旱气候区的外缘，其气候与副热带干旱气候相比，有以下两点差别：

- 夏季气温偏低，以南非的约翰内斯堡为例，高温的12月、1月和2月的月平均气温为19.8℃左右，气温比较低。
- 冬季降水稍多，这是因为冬季温带气旋南移而形成。以北非利比亚的班加西为例，自11月开始，受到地中海锋面和温带气旋的影响，降水量增加。此后在12月和1月气旋活动频率增大，月平均降水量分别为79 mm和94 mm。这时气温又较低,蒸发弱,所以土壤储水量增多,能够维持草类生长。

温带干旱与半干旱气候区

温带干旱与半干旱气候区,主要分布在 35°~50°N 的亚洲和北美大陆的中心部分。这里因位居大陆中心或沿海有高山屏障,受不到海风的影响,终年在大陆气团控制下,气候十分干燥。夏季在大陆强烈增温作用下,形成浅的热低压,成为热带大陆气团的夏季源地。冬季昼短夜长,大陆强烈冷却,形成冷高压。亚洲大陆由于面积辽阔,东西向延伸范围更广,再加上西藏高原的屏障作用,所以中纬度干旱区气候面积很大,可分为西南亚干旱气候区、中亚干旱气候区、中国西北干旱气候区等。北美大陆面积较小,中纬度干旱气候分布在美国西部,包括内华达州、犹他州和加利福尼亚州的东南部。

温带干旱气候区　北半球温带干旱气候区与热带、副热带干旱气候有许多共同点,但也有差异,主要表现在:

- 降水量少,降水变率大,有少量降雪。温带干旱气候年降水量一般在250 mm以下。例如,美国西部内华达州的法伦年降水量仅119 mm。在干旱气候区中降水平均年变率一般都在40%以上。例如,中国新疆的喀什,在 1952 年 7 月 29 日和 30 日两天之内降水128 mm,占全年降水 2/3 以上。这些特征和热带干旱气候是类似的。但温带干旱气候区冬季温度低且有少量降雪,这是热带副热带干旱气候所没有的。
- 相对日照高。温带干旱气候区虽然受不到太阳光直射,但因云量少、空气干燥、与同纬度地区比较,这些地区的相对日照百分率是最高的。特别是夏季白昼时间长,所获得的太阳辐射热量十分充足。以中国新疆为例,其全年日照时数约 3000小时,相对日照百分率为 60%~70%。相对日照高,而且日照强。有利于高山冰雪的融化,所以在有雪水灌溉的绿洲中,对农业生产是有利的。

- 冬寒夏热,气温变化剧烈,年较差大。温带干旱气候区因云量少,且多位于盆地区域,冬季夜间辐射冷却剧烈,冷空气又沉积在盆地底部,因此冬温下降很快。夏季所得太阳辐射热量多,再则地面干燥,所得太阳能相对地消耗于蒸发较少;同时地处盆地,使得当地灼热空气不易外流,加上有些地方有焚风效应,所以温带干旱气候夏季气温特别高。吐鲁番虽然纬度已处在43°N附近,极端最高气温曾达48.9 ℃,极端最高地温竟达75 ℃。其干热程度居全国之冠,有"火洲"之称。这是温带干旱气候与热带、副热带干旱气候的一个显著区别。

温带半干旱气候区 温带半干旱气候区位于干旱气候区和湿润气候区之间,年降水量在 250～500 mm之间,可能蒸散量大于降水量,年降水变率亦很大。

中国范围

中国干旱、半干旱气候区的划分

采用年平均降水量作为划分干湿气候区的标准,规定200 mm以下为干旱区,200～450 mm为半干旱区。中国的干旱气候区有:中温带的蒙甘区(内蒙古自治区西部、宁夏自治区、甘肃省河西走廊)、北疆区;暖温带的南疆区;高原气候区(青海省柴达木盆地和西藏自治区北部)。中国的半干旱气候区有:温带的内蒙古自治区中东部;暖温带的晋陕甘区(山西、陕西、甘肃东部),高原气候区的祁连山—青海省湖区和西藏自治区南部。

干旱、半干旱气候区的降水特征

华北半干旱气候区的降水特征 华北是受季风影响比较明显的

地区。冬春受大陆干冷气团控制,降水稀少;夏季受海洋暖湿气团影响,降水集中。由于海陆分布的影响,年降水量一般由东南向西北减少。海河平原是一个少雨区,这一地区的中心在河北省的献县、衡水和山东德州一带,年降水量在400 mm以下。黄河中游晋西吕梁山一带也是少雨地区,年降水量一般也在400 mm以下。华北地区降水量的年际变化很大,年内季节差别也大。夏季(6、7、8月)降水量占全年的 50%～60%,春季占10%,冬季仅1%～5%。降水分布不均,雨季到来迟早不一样。因此,干旱灾害频繁,对农业和生态环境构成严重威胁。

内蒙古自治区干旱、半干旱气候区的降水特征 本区平均降水量约200～400 mm,由东南向西北减少。夏季(6、7、8月)降水量占年降水量的 60%～70%;4～9月牧草生长期的降水量可占全年的90%,降水量年际变率大,年内多有春夏干旱发生。轻度春旱,大部分地区10年中就有4～5年;严重春旱,10年中约有2年。夏旱一般比春旱少,轻度的干旱,10年中约2～5年;严重干旱,10年中约有1年。春夏连旱的次数,大约10年中发生1～4次。

西北干旱、半干旱气候区的降水特征 本区深居内陆腹地,降水量很少,且时空分布不均。除陕南、关中、陇南降水较多外,其余大部分地区降水都少。它是全国干旱最严重的地区。甘肃省有77%土地面积年降水量少于500 mm,有66%的地区年降水量在300 mm以下,河西走廊的年降水量均在200 mm以下,玉门以西不足50 mm,属于绝对干旱地区。青海省年降水量一般均在400 mm以下,且从东南向西北减少。柴达木盆地在200 mm以下,盆地西部的冷湖附近年降水量仅有15 mm。宁夏自治区的年降水量,多在300 mm以下,引黄灌区在200 mm左右。新疆自治区的年降水量一般在200 mm以下,北疆平原约为150～200 mm,南疆则不足70 mm,塔里木盆地东南部仅有几毫米。西北地区降水季节分配不均,年际变化大,夏季降水一般占全年的50%～80%,新疆不属夏雨型,夏雨仅占全年的10%左右。

第二章

干旱的历史变化

气象灾害是最主要的自然灾害,其造成的经济损失约占各种自然灾害总损失的70%以上,干旱灾害的损失又占气象灾害损失的50%左右。干旱灾害的损失之所以如此严重,是因为干旱发生的频率高,范围广,持续时间长,后延影响大。西北干旱区是中国西部大开发的重点地区,其生态与环境问题十分严峻,如冰川退缩,雪线上升,水资源利用过度,水质恶化,生物多样性受损,甚至长期丧失,荒漠化整体仍在扩展。

自古以来旱灾就是农业生产的"天敌",现在它已直接阻碍社会经济发展。为了展望未来干旱灾害的变化,回顾一下发生在过去的干旱史实很有帮助。

解放前干旱史实

最早的干旱记载

人类社会初期,科学落后,以为干旱是苍

天对人的惩罚,遇旱就大搞迎神、祷告、禁屠等求雨活动。殷墟出土的十万件甲骨文中就有数千件是关于求雨的记载,反映了干旱是当时农业生产上的一个严重问题。

中华民族有五千多年文明史,黄河流域是中华民族的摇篮。翻开史书可以看到,由于旱灾造成"颗粒无收"、"饿殍遍野"、"人相食"的惨象比比皆是,给人民带来了深重的灾难,"十日并出,草木枯焦",正是大旱灾的生动写照,由此产生了后羿射日的神话传说。

最早的干旱记载可以追溯到公元前17世纪,相传那时连续7年干旱,《今本竹书纪年》曰周厉王二十一年至二十六年(公元前856至前851年左右)连续6年大旱,"大旱既久,庐舍俱焚"。《中国历史大事年表》指出,自十年大旱至于此年。十年即公元前832年,此年即公元前828年。该书还指出公元前832年大旱。上述史实说明公元前9世纪后期,中国北方可能出现特大旱灾。

近二千年干旱

据不完全统计,从公元前206～1949年的2155年之间,中国发生较严重的旱灾1056次,平均两年发生一次旱灾。

表2.1 公元100年到1949年全国性大旱年

世纪	大旱年	世纪	大旱年	世纪	大旱年
2	134	8	790	15	1433,1467,1484
3	236,255,266	9	862,868	16	1528
4	301,309,330	10	992	17	1640,1641
5	464,473	11	1033,1074,1075	18	1721,1778,1785
6	537,573	12	1197	19	1835
7	617,668	13	1208,1215,1218,1253	20(1949年止)	1900,1928
		14	1306,1329		

从表2.1看出全国性大旱在每个世纪一般出现2次,至少1次,最多4次。有时甚至连续两年大旱(如1074,1075年)。大旱出现最

多的是13世纪,共4次;8到10世纪及19世纪大旱次数比较少。

从表2.2看出,自公元前2世纪至1949年,黄河流域发生大旱194次,平均每个世纪发生大旱9次,大旱明显多于大涝。经过计算,大旱指数显著高于平均值的有公元4,6,11,12,13,15及20世纪,最旱的11世纪出现大旱16次。长江流域史料开始较晚,自公元100年至1949年共出现大旱109次,平均每个世纪发生大旱6次,涝多于旱。大旱指数多的有公元4,12,13,15及16世纪。最旱的15世纪出现大旱11次。

表2.2 长江、黄河大旱频次

世纪	长江大旱	黄河大旱	世纪	长江大旱	黄河大旱
公元前2		8	10	5	8
公元前1		10	11	5	16
1		11	12	8	10
2	2	5	13	8	13
3	5	7	14	4	7
4	9	12	15	11	7
5	4	9	16	7	5
6	5	8	17	6	11
7	5	12	18	3	6
8	3	8	19	5	9
9	10	6	20(1949年止)	2	6

近五百年干旱

表2.3为1470～1948年期间中国发生的重大干旱灾害年表。年表中列出的重大干旱年,是指干旱灾害严重的年份,包括连旱年、区域代表年及灾害影响面积比较大或灾害波及省(市、区)较多的年份。按表中28个省(市、区)统计,在1470～1948年的479年中,共列出全国重大旱灾年51年,其中在全国南北方均发生严重干旱的年份有1528年、1721年、1942年等共8年;南北方发生干旱而以北方为严重的年份有1640年、1689年、1877年等共16年;南北方发生

干旱而以南方为严重的年份有1671年、1679年、1778年等共有5年;北方发生严重干旱而又波及南方的有1484年、1586年、1878年等共17年;南方发生严重干旱而又波及北方的有1589年、1856年、1934年等五年。以北方干旱为严重的偏北型干旱,发生频次多,受旱和成灾面积大,且多发生连续多年干旱,灾情比较严重;以南方干旱为严重的偏南型干旱,发生频次相对较少,虽也可能出现受旱和成灾面积较大的情况,但发生大面积连旱年的情况相对较少,灾后生产恢复也较快;全国南北方发生严重干旱多在北方连年干旱和南方干旱同年遭遇情况下出现的。干旱灾情影响范围较大,灾情也比较严重。

在表2.3中列出的51个全国重大旱灾年中,10个以上省(市、区)受旱的有35年,其中,1483～1485年、1528～1529年、1637～1641年、1875～1877年、1899～1900年、1928～1929年和1941～1943年等为连续干旱年段。公元1483～1485年,京、冀、鲁、晋、陕、宁、甘和江、浙、两湖大旱,连岁少雨,民食树皮、蕨藜,赤地千里,井邑空虚,流亡日多,尸骸枕藉。公元1528～1529年,干旱波及南北方19个省(市、区),北方诸省灾情尤为严重,禾稼枯死,旱、蝗肆虐,田禾尽没。1637～1642年(明崇祯九年至十四年)旱灾遍及南北20个省(市、区),在不同地区先后持续受旱4～6年,这是近500年间连旱时间最长,受灾范围最广的一次极为严重的旱灾,北方诸省川竭井枯,经年少雨,累岁奇荒,树皮食尽,人相残食。1689～1691年干旱灾害主要在华北、东北和西北诸省区,南方江浙、两湖和两广也发生干旱。1785年(清乾隆五十年)有12个省受旱,据记载,"草根树皮,搜食殆尽,流民载道,饿殍盈野,死者枕藉"。1835年(清道光十五年),14个省受旱,有"啮草嚙土,饿殍载道,民食观音粉,死徒甚多"的记载。1876～1878年(清光绪二至四年),黄、淮、海流域连续3年干旱,灾区庄稼有的四五季、有的两三季未收,大饥。20世纪以来,1920年陕、豫、冀、鲁、晋5省大旱,灾民2000万人,死亡50万人;

1928年、1929年华北、西北和东南18个省遭旱灾;1942年、1943年大旱,仅河南省饿死、病死即达数百万人;1943年广东省大旱,饿死、病死的逃荒者共达300万人,饥民被迫离乡背井,潮汕沿海出现千人冢等悲惨情景。

表2.3　1470~1948年期间全国重大干旱灾害年表

年份	黑龙江	吉林	辽宁	内蒙古	北京	河北	山东	河南	山西	陕西	宁夏	甘肃	青海	新疆	上海	江苏	浙江	安徽	湖北	湖南	四川	福建	江西	广东	广西	海南	贵州	云南	合计
1483				○			○	○	○							○	○												7
1484					●	●	○	○	●	●	●					○	○	○											11
1485						●	○	○	○							○	○	○											9
1488							○	○	○	○						○	○	○			●								10
1523			○	○				○								○								○					7
1527				●			○		○												●							●	5
1528						●	●	●	●	●						●	●	○							○	●	●		15
1529						○	○	○	○	●	○						○	○					○						10
1586						○	●	●	●	●	●	○																	8
1587							○	○	●	○																		○	7
1589						●			●	●						●	●	●		●	●								10
1637					●	○	○	○	●	●	●					●	●	●			●								12
1638						○	○	○	●	●	●					●	●				○		○						10
1639					○	●	●	○	●	●	○	●				●	●	●											12
1640					○	●	●	●	●	●	●	●	●			●	●	●			○			○	○				20
1641					●	●	●	●	●	●	●	○				●	●	●	●	○	●								16
1642						○	○	○								○	○	○											6
1643																○	○				○		○	○					5
1671			○	○	○	○										●	●				●			●					11
1679					●	●	●	●	●	●						●	●	○		●	●								12
1689		●	○	○	○	○	○	○								○	○	○			○								12
1690			○			○	●	○	○	○							●			○			○						9
1691			○	○			○	●								○							○	○	●				10
1721				○	●	●	○	●	○	○	○						●											○	15

续表

年份	黑龙江	吉林	辽宁	内蒙古	北京	河北	山东	河南	山西	陕西	宁夏	甘肃	青海	新疆	上海	江苏	浙江	安徽	湖北	湖南	四川	福建	江西	广东	广西	海南	贵州	云南	合计
1723	○	○		○		○											●	○		○									7
1777						○		○	○									○						○	○				7
1778				○	○	○		○	○								○		○	●	●		○	○	○	○	●		14
1785		○	○		○	●	●								●	●		●	○	○									12
1807	●	●	●			○		○	○									○	○		○						○		11
1813			○	○	○	●	○											○	○					○			○		10
1835					○											○	●	●	○		○		●	○	○	○	○		14
1856				●	○	○										●	●			○									9
1858	●	●		○	○		○								○					○									8
1875	●	●	○	●	○	○	○	○	○	○																			10
1876			○		○	●	○	○	●	○						○	○			○	○								12
1877			○	○	○	●	●	●	●	●					○	○	○		○	○	○			○	○		○		16
1878			○		○	○	●	●	○	●																			8
1899				●	○	●	○	○	●			○								○				●		●			11
1900			○	●	○	●	●	●	●							○	●							○	●		○	○	15
1907	○			○	○	○														○	●								7
1916	○	○	○	○	○	○	○	○												○	○							○	13
1919	●	○	●	○		○	●																						6
1920	●							○	○	○	○		○		○			○	●					○					14
1928			○	○		○	●	●	●							○	●	●		○		○		○	○	○	●		16
1929			●		○		●	●	●	●						○		○		○					○	●			14
1934					○		○								○	○	●		●			●		○	○				10
1936		○		○	○		●	●	○		○		○	○		○		○							●	●			16
1941			○	○	○	○	○	○			●			○		○	○			○	○	○	○	○	○				15
1942			○	○	○	●	○	○								○	○	○		○		○	○	○	○		○	○	17
1943		○	○	○		○	●				○	●						○	○	○	○		○	○	○		○		15
1945	○	○		●	○	○		○			●			○			●										○	○	13

注 表中○为5级划分中的4级干旱;●为5级划分中的5级干旱,见本书37~38页。

近五十年干旱史实

新中国成立后,干旱发生的频率仍然很高,受灾面积大。近五十年来,各级政府十分重视抗旱减灾工作,投入巨额水利建设资金,建成各类水库 8.48 万座,上千公顷(hm^2)以上灌区 5000 多处,固定机电排灌站 50 万处,配套机电井 355 万眼,形成水利固定资产近 3200 亿元,使中国有效灌溉面积从 20 世纪 50 年代初的 1600 万 hm^2 发展到目前的近 5333.3 万 hm^2,大大改善了农业生产条件,提高了防御干旱灾害的能力。但是,由于大部分耕地缺少水利设施,中国农业还不能完全摆脱"靠天吃饭"的局面,农业生产仍受干旱的困扰。据 1949~1998 年 50 年的资料统计,全国每年平均受旱面积 2186.7 万 hm^2,其中成灾面积 886.7 万 hm^2,平均每年因旱灾损失粮食 117 亿 kg。自 20 世纪 80 年代中期以来,随着社会经济发展,农业、工业和城市生活用水急剧增加,加上水环境恶化,可用水量减少,中国干旱灾害呈加重趋势。

1949~1990 年干旱灾害

1949~1990 年全国或部分地区发生重旱和极旱的年份及其影响省(市、区)情况见表 2.4。在所列出的 36 个干旱年中,1959~1961 年 3 年连续干旱,灾害影响 10~15 个省(市、区),平均受旱面积近 3659 万 hm^2,成灾 1533 万 hm^2,减产粮食 611.5 亿 kg。1963 年是中国北方洪涝和南方干旱灾害严重的一年,尤以湖南、两广和海南受灾较为严重。该年全国受旱面积 1686 万 hm^2,成灾面积 902hm^2。1972 年北方大范围少雨,春夏连旱,南方部分地区伏旱,灾情严重,受旱近 3070 万 hm^2,成灾面积 1360 万 hm^2。1978 年全国 12 个省(区)严重受旱,范围广,持续时间长,一些省份 1~10 月的降水量比常年少 30%～70%，长江中下游地区的伏旱最为严重，全国受旱面积 4017 万 hm², 成灾面积 1797 万 hm²。1980～1982 年北方地区黄河、海河流域发生持续 2～3 年的干旱，全国 1980～1982 年受旱面积分别为 2611 万 hm²、2569 万 hm² 和 2070 万 hm²，成灾面积分别为 1248 万 hm²、1213 万 hm² 和 997 万 hm²。1986 年干旱主要发生在黄河和海河流域、淮河上游及湘、鄂、赣、闽、粤等省(区)，重旱区波及 16 个省(市、区)，全国受旱面积 3104 万 hm²，成灾面积 1476 万 hm²。1987 年干旱发生在北方大部分省区及西南的川、滇、黔、琼共 13 个省(区)，受旱面积 2492 万 hm²，成灾面积 1303 万 hm²。1988 年干旱主要发生在东北地区、淮河流域和苏、浙、赣、皖、鄂、川、桂、黔等共 13 个省(区)，受旱面积 3290 万 hm²，成灾面积 1530 万 hm²，受害比较严重。1989 年严重干旱集中在东北三省、山东、河北、内蒙古、新疆、广东、广西、云南和贵州等 13 个省(区)，灾情比较严重，受旱面积达 2936 万 hm²，成灾面积达 1526 万 hm²。

表 2.4　1949～1990 年全国各省(市、区)干旱灾害年表

年份	黑龙江	吉林	辽宁	内蒙古	北京	河北	山东	河南	山西	陕西	宁夏	甘肃	青海	新疆	上海	江苏	浙江	安徽	湖北	湖南	四川	福建	江西	广东	广西	海南	贵州	云南	合计	极旱	重旱
1951			○				○	○											○										4		4
1953				●			○		● ○ ●				○					○											6	3	3
1955			○	○			○ ○																○						4		4
1956																		○											2		2
1957						○	○ ○ ○																						6		6
1958	○																	○			○			○				○	5		5
1959			○ ○							○		●	● ○ ●														○		10	3	7
1960		○				● ● ○ ● ○ ●											○ ● ○									○ ○			12	5	7
1961				● ○		●	●								○ ○		●						○						15	3	12
1962			○ ○ ○			● ● ● ●										○											○		10	4	6

续表

年份	黑龙江	吉林	辽宁	内蒙古	北京	河北	山东	河南	山西	陕西	宁夏	甘肃	青海	新疆	上海	江苏	浙江	安徽	湖北	湖南	四川	福建	江西	广东	广西	海南	贵州	云南	合计	极旱	重旱
1963				○				○											●	○	○	○	○	●	○	○	○		11	2	9
1965				○		○	○		●												●								5	1	4
1966			○			○	○	○	○	●									●		●	○	●	●	●	●			12	2	10
1968					●	●	○	●																					3	1	2
1969										○																			1		1
1970							●			○																			2	1	1
1971			○				○	○	●						○									○					7	1	6
1972		●	●	●	○	●	○	●	●					●						○	○								11	7	4
1973			○	○				●																					3	2	1
1974					○	○		○	○																				4		4
1975			○	○		○		○																			○		5		5
1976	○			○		●			●	○							○												5	1	4
1977	○					○	○	○		●								○						○	○	●			8	1	7
1978			○		○	○	●	●	○							●	●	○			○			○	○				12	3	9
1979	●	○				○			○	○								○			○							○	8	2	6
1980	●	○	○	●	○	○	○	○		○											○		○						12	6	6
1981		○	○	○	●	●	○	●								○		○ ○							●	●			15	4	11
1982	●	●	●	○		○	●			○						○	○			●									11	5	6
1983			○	○	○	○			○									○											7		7
1984		●	○	○	○				○										○		○								7	1	6
1985						○	○										○		○							●			6	1	5
1986		●	●	●	○	●	○	●	○							○	○	○	○	○	○			○			●		16	4	12
1987	○	●	●	●		○	●	●	●															○	○	○		●	13	5	8
1988				○		○	●									●	●	●						●	○	●			14	6	8
1989	●	●	●	●			○		○	●														○	○				14	6	8
1990							○	○			○	○	●						●										7	3	4
极旱年数	4	3	4	5	2	5	4	5	7	5		8				2	3	3	2	2				3	1	4			83		
重旱年数	3	6	5	16	7	6	12	9	8	15		12	11	7	4	6	6	6	9	7	11	5	6	6	7	5	9	6		210	
合计	7	9	9	21	9	11	16	14	15	20		20	18	11	4	8	6	9	12	9	13	5	6	6	10	6	13	6			293

注 1. 表中○——受旱率(受旱面积/播种面积)在20%~40%之间,成灾率(成灾面积/播种面积)在10%~20%之间;

　　　●——受旱率等于大于40%;成灾率等于大于20%。

　　2. 在确定上述干旱分级时,对资料条件好的省(市、区),除上列指标外,还参考了因旱粮食减产率等指标。

1991～2001年干旱灾害

从表2.5可以看出,20世纪90年代中国北方地区干旱频繁,旱情严重,超过受旱面积3000万 hm^2 的有1992年、1994年、1997年、1999年、2000年、2001年。2000年全国受旱面积约4054万 hm^2,成灾面积约2678万 hm^2,无论受旱面积,还是成灾面积均是全国50年来最旱的一年。2001年,全国受旱面积约3846万 hm^2,成灾面积2373.3万 hm^2,受灾面积是建国以来的第二位(次于2000年),1999～2001年3年连续干旱,灾害影响10个多省(市、区),平均受旱3638万 hm^2,成灾面积2237万 hm^2。与1959～1961年3年连续干旱相比,受旱面积相近,成灾面积增加了704万 hm^2,因此1999～2001年是建国以来3年连续干旱最严重的一次。

表2.5 1991～2001年全国干旱灾害年表

年份	受旱面积 (万 hm^2)	成灾面积 (万 hm^2)	旱 情 概 况
1991	2491.4	1056.0	南方春夏旱和北方伏旱范围广,华南及西北东部旱情重,旱情为一般偏重年
1992	3266.7	1666.7	华北及西北、东北部分地区冬春旱,黄淮及长江中下游、云南等地伏秋旱较重,为旱情偏重年份
1993	1800.0	780.0	旱情较轻,长江流域基本无伏旱,干旱集中在北方且旱期不长,灾情较轻
1994	3000.0	1666.7	北方春末夏初旱、秋旱和江淮流域伏旱范围较大,部分地区旱情严重,为干旱偏重年份
1995	2340.0	1033.3	干旱主要发生在北方,西北东部、华北西部的春夏连旱严重。南方干旱范围小,干旱程度一般偏轻,为一般干旱年份
1996	2013.3	633.3	干旱主要发生在北方,以春旱和冬春连旱为主,南方干旱范围小,仅部分地区秋旱较明显,为干旱偏轻年份

续表

年份	受旱面积 (万 hm²)	成灾面积 (万 hm²)	旱 情 概 况
1997	3300.0	2000.0	长江以北发生了严重干旱,旱情严重的是冀、晋、豫、川、陕、甘、新等省区,冬、春、夏、秋四季都有干旱发生,以夏、秋两季干旱范围最广、持续时间最长,为50年来少见的严重干旱年
1998	1600.0	532.0	干旱范围小,但入秋后,北方冬麦区及南方部分地区发生了不同程度秋旱,为干旱较轻的年份
1999	3013.3	1660.0	北方地区在冬春连旱之后,夏秋又出现大范围严重干旱。南方部分地区冬、春、秋也遭到旱魔的肆虐。为干旱严重年份
2000	4054.0	2678.0	出现大范围干旱。主要发生在春、夏季;北方夏旱范围广、干旱时间长,旱情重,为干旱严重年份
2001	3846.0	2373.3	长江流域及其以北地区受旱范围广,持续时间长,旱情严重,主要出现在3～6月

重大干旱事件

　　旱灾与其他自然灾害相比,它发生范围广、历时长、对农业生产影响最大。历史上发生的每一次大旱都给中华民族带来深重的灾难。近五百年来最严重的干旱是明崇祯十年至十五年大旱,近二百年最严重的干旱是1928年、1929年的大旱。近五十年来最严重的干旱是2000年大旱。

　　历史上特大旱灾往往都是涉及西北东部和华北大部的大范围的严重灾害,有些年份旱区还扩大到淮河以北,海河以南的整个黄河流域的广大地区。特大旱灾的大范围性质,加重了旱灾影响程度。

历史上著名的特大旱灾常常出现在百年尺度旱灾高频期中,例如明成化二十至二十二年(1484～1486年)特大旱发生在1480～1520年旱灾高频期;明万历年间(1582～1591年)特大旱和明崇祯十三年前后特大旱发生在1580～1640年旱灾高频期中;清朝康熙五十九至六十一年(1720～1722年)特大旱发生在1690～1750年旱灾高频期中。最后一次特大旱灾,1929年特大旱灾(1928～1929年)出现在1900～1940年旱灾高频期中。特大旱灾与百年尺度旱灾高频期的密切联系是由于特大旱灾是在长达数年的干旱条件下发生的,特大旱灾是百年尺度干旱期的产物。

1637～1642年崇祯十年至十五年特大旱灾

这次持续多年的大旱涉及黄、海、淮河和长江流域15个省(区)。据估计,1637年、1639年、1640年和1641年,华北地区年降水量不足400 mm,5～9月降水量不足300 mm,比常年偏少3～5成。多数地区在1640年和1641年间出现了淀竭、河涸现象。这次干旱持续时间长,涉及范围广,干旱灾害有一个逐步发展的过程。在干旱初期,即1637年,全区仅少数地区有庄稼受害和人畜饥馑的现象。第二年,即1638年,旱区向南扩大到苏、皖等省,大部分地区有庄稼受害、人畜饥馑的现象,个别地区有人相食的记载。到干旱的第四和第五年,即1640年和1641年,年降水量不足300 mm,5～9月降水200 mm左右,旱情加重,禾苗尽枯、庄稼绝收,山西汾水、漳河均枯竭,河北九河俱干,白洋淀涸,淀竭、河涸现象遍及各地,人相食的现象频频发生,1640年晋、冀、鲁、豫记载有人相食。陕、晋、冀、鲁、豫严重干旱还伴随出现了蝗虫灾害和严重的疫灾,使灾害更趋严重。河南"大旱蝗遍及全省,禾草皆枯,洛水深不盈尺,草木兽皮虫蝇皆食尽,人多饥死,饿殍载道,地大荒"。甘肃大片旱区人相食。陕西"绝粜罢市,木皮石面食尽,父子夫妇剖啖,十亡八九"。干旱第六年和第七年,即1942年和1943年,各地旱情才略有缓和,灾情相对减轻。

连年旱灾造成粮食严重歉收和失收,灾区米价昂贵,崇祯十二年(1639年)每石米值银一两,崇祯十三年以后,石米价格上涨到银三四两和四五两不等,加上沉重的赋役,民不聊生,农民揭竿而起,起义不断,最后结束了明朝统治。干旱灾害是导致明王朝衰败和社会不稳定的一个重要因素。

1876～1878年清光绪二年至四年大旱

1876年在海河、黄河和淮河流域,以及长江下游、上游和西南诸河地区有145个县受灾,重旱区在山西、山东、苏北沿海和安徽部分地区。1877年为最严重干旱年,旱区波及308个县,重旱区扩大为陕、宁、蒙、晋、冀、鲁、豫诸省(区)。1878年受旱县131个,重旱区范围退缩为黄河中下游、海河流域和淮河领域北部部分地区。这次大旱山西省受旱最重,这三年降水量比常年降水量显著偏少,1877年降水量较常年减少最为显著,如阳曲、忻州为多年平均降水的5～6成,右玉、朔县则不足1成,一般多在4成以下。据史料记载,三年大旱中,山西、河南、河北、山东等地因旱灾饥饿致死者多达1300万人。这次旱灾是造成历史上死亡人数最多的一次大旱。大旱年间,清政府对百姓狂征暴敛,灾民得不到济赈,大量死亡。这次严重的旱灾也动摇了清朝统治基础。

1929年特大旱灾

1929年特大旱灾是一次以黄河流域为中心的大范围长时期的特大旱灾。灾区主要在甘肃、陕西、宁夏、青海、内蒙古等7个省(区)。灾民总计高达3400万人,估计这场特大旱灾总死亡人数至少在400万人以上。受灾最重的甘肃省,当时人口550万,灾民高达457万,占总人口的83%,死亡230万,占当时全省人口的42%。这次特大旱灾,是从1922年开始,逐渐发展加重,连年亢旱使农业长期大幅度减产甚至绝收,最后,陇中发展到掘地数尺不见潮气,夏秋禾全无收成,野无青草,树多干枝,多年老树也大半枯萎。酒泉、张掖等内陆河,陕西泾河、渭河和汉水等河先后断流,黄河水小,宁夏灌区渠水不流,灾区谷糠、草籽、草根、树皮采食殆尽,牲畜大部饿死被食。灾民或乞讨,或外逃,或结伴抢劫,饿殍载道,更有人相食者。重灾区到处是十室九空,经济陷于崩溃,军匪横行,社会秩序一片混乱。

连年干旱,生产力遭到严重破坏,恢复十分困难。1929年特大旱灾以后,由于人口大减,人民精疲力尽,没有牲畜,只能以人代畜,没有籽种,下不了种,一米一珠。气候已转多雨,耕地仍大片荒芜。所以即便气候恢复了正常,生产在一定时间内也难以恢复正常。1930年和1931年人民仍在大量逃亡和死亡。

长期连年干旱是导致特大旱灾形成的直接原因,对旱灾的加重有以下几个方面的原因:

- 长期连年干旱使土壤含水量,特别是深层(1 m以下)土壤含水量不断下降,直接影响雨养农业,造成减产,直至绝收。
- 长期连年干旱导致河川径流量大大减少,从而影响灌溉农业。久旱使土壤水分含量下降的另一个严重后果是河川径流减小。1929年许多河流断流,不少灌渠由于水小渠高,无法灌溉,严重影响灌溉农业。
- 长期连年干旱粮食贮备消耗殆尽。
- 长期连年干旱生产严重破坏,人民极度虚弱疲惫,抗御其他自然灾害的能力大大减弱。

干旱地域广阔是特大旱灾特别严重的另一种重要自然因素。特大旱灾的大范围性质,要求救济面太宽太大,救援工作有极大的困难,有的甚至无法救援。

1929年特大旱灾是一次200多年一遇的特大气候灾害,然而这场特大自然灾害造成的损失如此之大,则是与当时的社会经济状况和人为负面影响有密切关系:

- 生产力水平低,抵御自然灾害能力弱。

- 人民负担过重,军费浩繁,民力已疲。
- 社会治安极差,兵匪为害残害人民。
- 救灾工作极差,瘟疫大流行。

因此自然灾害不仅是自然问题,也是社会问题。人类活动对于减轻自然灾害可能施加正面影响,也可能施加负面影响。1929年特大旱灾警示人们,严重的旱灾和人类负面影响相结合可以产生多么可怕的后果!

二千年大旱

2000年,中国大部地区降水偏少,出现大范围干旱。就季节而言,干旱主要发生在春、夏季;就地区而言,北方受旱范围广,干旱时间长,旱情重。其中受旱面积较大或旱情较重的有河北、山西、内蒙古、山东、陕西、甘肃、宁夏、辽宁、吉林、黑龙江、湖北、安徽、江西等省区。据有关部门统计,全国累计受旱面积4054万 hm^2,成灾面积2678万 hm^2,属干旱严重年份。

干旱的分布及气候特征 1999年,北方夏秋连旱,南方部分地区秋旱也较明显。进入2000年2月后,全国大部地区降水量呈持续偏少态势。春季,长江以北大部地区降水明显偏少,西北、华北、东北、黄淮、江淮、江汉等地发生较重干旱;南方的广西、湖南、浙江、海南、四川、重庆等部分地区也有不同程度旱象。夏季,华北、西北东部、东北降水仍偏少,发生春夏连旱;南方的广西、四川、贵州、江西、江苏、安徽等省区的部分地区也曾一度出现伏旱。秋季,广西、广东、贵州、四川等省区也出现了旱象,其中广西伏秋连旱,旱情较重。

2000年春、夏,北方干旱范围广,持续时间长,旱情严重。华北、西北东部地区的干旱主要发生在2~7月,此期间这些地区降水量一般为100~200 mm,其中内蒙古中西部、宁夏大部、甘肃西部一般不足100 mm,内蒙古西部及甘肃西部部分地区只有10~50 mm。与常年同期相比,大部分地区偏少3成以上,达大旱标准,其中冀东北、冀中、晋西北、陕北北部及内蒙古锡盟南部和哲盟、昭盟的部分地区偏少5～6成,达特大干旱标准。

黄淮、江淮、江汉等地的干旱主要发生在2～5月,此期间降水量大部分地区仅有50～100 mm,比常年同期偏少3成以上,普遍达干旱标准,其中河南、山东大部、安徽合肥以北地区、苏北西部、湖北西北部等地偏少5～8成,达大旱标准。

东北地区的干旱主要发生在5～7月,此期间辽宁、吉林大部及黑龙江中、西部和三江平原东部降水量为100～200 mm,比常年同期偏少3成以上,达干旱标准,其中辽宁西部、吉林西北部、黑龙江西南部偏少5～7成,达大旱标准。

长江以北地区春夏少雨不仅范围广、持续时间长,而且偏少幅度也大。从2～7月总降水量的对比可以看出,河北保定、承德,山西介休、运城,内蒙古东胜、鲁北、林东、多伦,山东潍坊,辽宁阜新,吉林四平,黑龙江安达,甘肃天水、平凉,安徽六安,湖北孝感、武汉、英山等地的降水量为近四十年来同期的最小值;山西离石,内蒙古通辽,吉林长春、集安,陕西榆林、延安、铜川、宝鸡,甘肃定西,安徽合肥等地为近四十年来同期的次小值。从近四十年降水量资料分析:2～7月中国北方(包括华北、西北东部、东北和黄淮地区)区域平均降水量之少,仅次于1968年、1982年、1997年和1999年,为近四十年来同期严重少雨年之一,其中2～5月华北、西北东部、黄淮的区域平均降水量和1962年相当,为近四十年来同期的最小值。综上所述,2000年北方的春夏连旱是建国以来少见的。

南方大部分地区2月降水偏少,部分地区3～4月份又持续少雨,发生了不同程度的春旱。长江中下游地区雨季不明显,降雨量少。普遍比常年偏少5～9成,加上高温酷热,蒸发剧烈,致使旱情迅速发展,江西、湖南、湖北、安徽、江苏、浙江等省部分地区出现了不同程度的旱象,旱情一直持续到8月上旬。广西大部地区6～9月持续少雨,降雨量一般偏少2～5成,发生夏秋连旱;其中桂西、桂南旱情较明显。此外,贵州、四川、广东等省部分地区也发生短时伏旱或秋旱。

干旱的影响 干旱对农业的影响。据河北省统计,全省受旱农田面积 154.5 万 hm^2,有 59.8 万 hm^2 农作物干枯死亡。内蒙古自治区农作物绝收面积超过 80 万 hm^2,占总播种面积的 14% 以上,还有 2466.7 万 hm^2 草场严重受旱。山西省春播地受旱面积达 206.7 万 hm^2,因旱不能播种的有 73.3 万 hm^2,播种后不能出苗的有 20 万 hm^2,出苗后干枯死亡的有 6.7 万 hm^2。河南省全省受旱面积达 357.1 万 hm^2,占麦播面积的 71.4%,其中严重受旱面积 186.3 万 hm^2,干枯死亡 15.7 万 hm^2。陕西全省普遍受旱,其中以陕北、渭北、陕南东部旱情为重。甘肃省春旱严重程度超过 1995 年,全省受旱面积达 210.7 万 hm^2,夏粮减产 19.8%,冬油菜减产 31%。湖北大部地区出现了历史罕见的严重春旱,全省农作物受旱面积达 278.7 万 hm^2,成灾 151.9 万 hm^2,各类作物经济损失达 66 亿多元。辽宁省出现了历史上罕见的的干旱,全省农作物受灾面积 278.6 万 hm^2,占耕地面积的 76%,其中绝收 119.4 万 hm^2,估计减产粮食 50 多亿 kg,直接经济损失约 100 亿元。吉林省大部分地区尤其中西部产粮区也发生了历史上少有的严重干旱,全省受旱面积 345.1 万 hm^2,其中绝收面积 100.9 万 hm^2。黑龙江省春夏连旱是建国以来最为严重,重旱区主要位于松嫩平原西南部和三江平原西部,全省受旱面积约 532.8 万 hm^2。

持续干旱还使林业、畜牧业受到重大损失。因干旱缺水,重旱区造林植树成活率明显下降。如辽宁西部造林成活率不到 30%;吉林西部重旱区成活率只有 30%~40%;夏季哈尔滨市共枯死树木 4000 多株,占本年新植树林的 4%,超过 5 万 m^2 的绿地干枯发黄,甚至枯死。据河北、内蒙古、吉林、甘肃、青海、宁夏 6 省区统计,牧区草场受旱面积多达 6666.7 万 hm^2,60 多万头(只)牲畜因缺水、缺草、缺料而死亡。

干旱对水资源的影响。据有关部门7月底不完全统计,天津、河北、山西、内蒙古、辽宁、吉林、黑龙江、山东、陕西、甘肃、青海、宁夏等12个省市区县级以上城市日缺水量超过635万 m^3,影响人口超过1500万人,有100多个县级以上城市被迫采取了定时限量供水等各种强制性节水措施。

由于海河、滦河流域降水持续偏少,夏季天津各水库蓄水量均少于上年同期,其中潘家口水库长时间处在死水位以下,7月上旬水库蓄水量仅为3.37亿 m^3,比上年同期少11.33万 m^3,造成城市生活用水极度短缺,全市日供水量从常年的220万 m^3 降到158万 m^3。北京密云水库的蓄水量从常年的34亿 m^3 降到了17亿 m^3。山西较大的河流中有一半以上出现断流,全省有27座大中型水库、500座小型水库干涸,县级以上城市缺水人口达160多万人,日缺水量60多万t。山东48座城市中有33座城市缺水,泉城济南10座大中型水库蓄水量比上年同期减少一半以上,有的干涸。夏天辽河干流出现断流,断流时间之长超过1997年,大凌河上游段及大部分支流断流达两个多月。松花江出现了历史上最严重的枯水位,7月19～21日哈尔滨段水位持续降到破记录的111.36 m,最多时全市有50万居民吃水困难。陕西有26个县城每天供水缺口达20万t以上。内蒙古黄河包头段因河水急剧回缩、河床大面积裸露干裂;赤峰市塞外6条河流断流,34座水库干涸。湖北东部90%的小型水库在死水位以下,80%的塘堰干涸,山丘岗地的河流普遍断流。

由于松花江出现特低水位,航深只有1.3 m左右,造成松花江佳木斯至哈尔滨区域河段全线停航,100余万t的粮食、木材和煤炭等货物被阻滞在同江、饶河、呼玛等地。淮河水位降至五十年来同期的最低点,蚌埠闸等区域先后出现船只严重阻塞情况。长江主汛期出现近五十年罕见的枯水期,长江中游沙市水位8月1日退落到5.05 m,水位比往年同期低4 m以上。水位异常偏低,沿江涵闸、泵站不能正常运行,造成沿江两岸近200万人饮水困难,由于部分河道水浅、弯窄,直接影响过往船舶航行安全。

干旱对旅游业也有影响。由于持续高温少雨,旅游胜地承德避暑山庄的自然景观受到严重损害。在山庄平原区,湖水干涸,游船、渡船搁浅,荷花、芦苇变得干黄,造成游客大减。黄河壶口瀑布因上游出现罕见小流量,而失去了昔日排山倒海的雷霆之势,大片黄河河床裸露,瀑布宽仅10多米。在辽宁朝阳市南湖风景区,以往碧水漪漪,游人如织,而本年夏天湖水干涸见底,游人减少。

第三章

干旱监测

大气科学十分依赖于观测技术的发展,它的每次重大突破性进展均得益于大气探测技术的进步。17世纪后期,气象观测仪器相继问世,气象才作为专门学科进入科学殿堂,1688年人们利用有限的地面风记录绘出低纬贸易风图,使航海业迅速发展。1930年后,无线电探空仪、气象火箭、雷达测风相继应用,人类的视野从地面扩展到高空。1960年4月1日,在美洲东海岸火箭试验基地上,世界上第一颗气象卫星腾空而起进入轨道,开辟了人类从宇宙空间遥视大气的新纪元。

近年来,许多国家都在致力于发展大气探测技术。重点发展多颗气象卫星组成的空间遥感探测系统,以多普勒天气雷达为主体的大气探测网和以自记遥感技术为主体的地面自动综合观测网。随着大气探测技术的迅速发展,人类彻底揭开干旱气候变化奥秘的时代为时不会遥远了。

卫星遥感

在浩瀚的大气海洋里,有着无穷的奥秘,需要人们去认识和探索。每当晨光曦微的清晨或暮色苍茫的傍晚,我们凝望天空,常可看到一个个闪烁的人造卫星,掠空而过。在这些翱翔太空的人造星星中,有一种叫气象卫星。它遨游太空、鸟瞰全球,昼夜不住地观云测天,是一个不知疲倦的气象员。

1960年4月1日美国发射了世界上第一颗气象卫星,标志着人类从此进入宇宙空间观测地球大气的空间卫星遥感新时代。自1988年起,中国先后成功发射了FY-1A和FY-1B两颗试验型极轨气象卫星,今后还将发射新一代极轨和静止气象卫星,以逐步跟上世界气象卫星的进步。气象卫星从大约36 000km高空鸟瞰地球大气,使过去一向无法获取的海洋、沙漠、山区、森林等地区的气象资料,都能从气象卫星上获得。气象卫星探测资料的广泛应用,大大丰富了气象学理论。

旱灾是指某地区因长期没有降水或降水量偏少造成空气干燥,土壤缺水甚至干涸的现象。干旱灾害直接反映在植被生长的好坏,干旱使得土壤含水量太低,无法满足作物对水分的需求,气象卫星对干旱遥感监测的本质是监测土壤含水量,通常采用热惯量法、植被供水指数法和距平植被指数法,分别介绍如下。

用热惯量方法监测土壤干旱

土壤含水量低,就出现干旱。遥感土壤含水量的基本原理是:当土壤干燥时,昼夜温差大;而土壤含水量高时,昼夜温差小。只要用遥感方法获得一天内土壤的最高温度和最低温度,通过计算模型就可以计算出土壤含水量的方法称为热惯量法。利用极轨气象卫星资

料,采用这种方法监测土壤含水量必须满足三个条件:
- 白天和夜间卫星过境时,用光学遥感仪器监测,必须都是晴空无云,以获得土壤的最高温度和最低温度。
- 白天和夜间卫星过境时,被监测地区都要处于两条轨道基本重合的范围。
- 被测土壤基本上是裸露的或植被覆盖度低。

由于受这三个条件限制,这种方法不适用于全天候。只适用于春天和深秋季节,这时在北方非森林地区多近乎于裸地,但这种方法对北方封冻时也不适用。该方法首先要计算出热惯量,然后根据实测的土壤湿度资料构建土壤含水量模型,其模型为幂函数。再根据农业气象观测规范划分干旱等级如下:

水体	100%
湿润	80%~99%
正常	61%~79%
轻旱	51%~60%
中旱	41%~50%
重旱	小于40%

用热惯量法监测干旱,使用午后和午夜过境的卫星资料,对资料进行加工,计算出相应行政区内重旱、中旱、轻旱的干旱面积。如1997年10月30日北方冬小麦播种以后发生干旱的范围包括:山西、河北、北京、天津、山东、河南、安徽、江苏(见彩图)。

植被供水指数法监测干旱灾害

热惯量方法原则上只对裸露土壤适用,因为在有覆盖情况下,植被改变土壤的热传导性质。为了在高植被覆盖区对作物的旱灾进行遥感监测,国家卫星气象中心发展了"供水指数法"(Vegetation Supply Index)。其原理是:当植被供水充足时,卫星遥感的植被指数在一定的生长期内保持在一定的范围,而卫星遥感的作物冠层温度也保持在一定的范围;如果遇到干旱,作物供水不足,一方面作物生长受到影响,卫星遥感的植被指数将降低,另一方面作物的冠层温度将升高,这是由于干旱造成的作物供水不足,作物没有足够的水供给叶子表面蒸发(蒸发带走热量),被迫关闭一部分气孔,致使植被冠层温度升高。

这种方法的优点是,只需要下午2:00左右的一次晴空卫星观测资料,适用于植被蒸腾较强的季节,缺点是只能给出相对的干旱等级。植被供水指数法和距平植被指数法适用于夏天,这时植被蒸腾旺盛,当干旱发生时,植被蒸腾减小,此法效果较好。

用植被供水指数法计算出1997年8月上旬的全国干旱分布图(见彩图),从该图中可以看出内蒙古东部、陕北、宁夏、甘肃、晋南等地有旱情,全国其他大部分地区都不旱。

距平植被指数法监测干旱灾害

由于植被生长状况主要与水分有关(当光照、温度条件变化不大时),水分供应程度变成了作物生长的关键因素,水分供应充足,植被生长良好,反之生长变差。植被遥感方法是从植被的光谱反射角度来度量作物生长的优劣。植被在近红外波段有较高的反射率。理论和实践证明,用NOAA/AVHRR的第1通道和第2通道的组合后得到的归一化植被指数使用效果不错。

在1992年4月河南大旱期间,国务院要求中国气象局提供当时旱情的详细信息。卫星遥感对旱情及估算工作,特别是对没有测站的山区。由于它具有宏观性、客观性和实时性强的特点,成为国务院指挥抗灾救灾的决策依据,发挥了社会和经济效益。

遥感监测干旱是目前遥感应用领域最困难的问题之一,这是因为目前的干旱监测都是间接的,遇到云的影响,不能取得理想的业务产品。很难全天候使用。为了不受云的干扰,必须发展全天候的微波遥感器,如合成孔径雷达(SAR)的土壤湿度遥感研究。

"3S"技术

地理信息系统 GIS(Geographical Information System)、全球定位系统 GPS(Global Positioning System)和遥感系统 RS(Remote Sensing System)三者的一体化系统集成,简称"3S"技术。我们要全面描述旱灾遥感监测实况,就应将地理信息系统、全球定位系统和遥感系统结合起来,利用 GPS 的定位功能,快速准确获取测量控制点的坐标,辅助遥感图像的几何纠正,大大提高了效率和精度。

地理信息系统

地理信息系统是一种在计算机软硬件支持下,将空间数据自动输入、存储、检索、运算、显示和综合分析应用的技术系统。它处理信息的特点是:以地理坐标平面为基础,将卫星影像或航空影像、各种图表、资源和灾情的信息与基础平面一一校准,统一编码并叠加在一起,形成一个重叠的立体信息数据存储结构,再按照一定的模式和模型进行分析和分类,最后按照需要为有关的各种宏观管理决策提供依据。

一个完整的地理信息系统其基本功能大体上概括为区域综合、动态预测和仿真实验三项功能。

遥感是地理信息系统数据来源之一,图像和图形是地理信息系统的主要数据表达方式。从遥感图像中提取某些特征和专题要素,建立数据库,必须借助于图像处理、模式识别和数据库管理技术。这些技术结合在一起,为地理信息系统奠定了可靠的基础。

全球定位系统

卫星全球定位系统(GPS)是美国国防部研制和开发的全球定位

系统,该系统由空间部分、地面控制部分和用户三个基本部分组成。其中空间部分由 24 颗导航卫星组成,它们等距离地分布在 6 个地球轨道面上。每颗卫星发射两种伪随机噪声频谱展宽导航信号,用户至少可以连续收到 4 颗导航卫星的导航信息。GPS 工作原理是用时间测距来解求用户位置的三维坐标,其定位精度为10 m。

全球定位系统是第二代卫星导航与定位系统。具有高精度、全天候的实时定位和导航能力,既可直接获取空间信息,又可用于确定空间位置,其精度为100 m左右,而差分精度可达到1 m。

地理信息系统(GIS)一方面是连接遥感与全球定位系统的纽带,同时又能够贮存、管理集成或处理各种来源与类型的数据。我们通过"3S"系统,搞好集成,将比分系统更全面、更准确、更快速地了解干旱灾害的信息。这是干旱监测的重要方面。但因该系统的建立牵涉学科多,现还处在探索阶段。

定西干旱气象与生态环境试验基地

基地在全国干旱监测中的地位和作用

中国气象局兰州干旱气象研究所定西干旱气象与生态环境试验基地,位于甘肃省中部的定西县(北纬 35°35′,东经 104°37′),距兰州 110 km,海拔高度1896.7 m,地下水位大于7 m,主导风向上下游下垫面比较均一,代表性较好。基地地处欧亚大陆腹地,所在地区是中国干旱气候区和半湿润气候区之间的重要气候过渡带,下垫面属典型的黄土高原丘陵沟壑区,生态环境脆弱,是甘肃省实施退耕还林草的重点地区。该基地对干旱半干旱地区的气候特征有着广泛的代表性,是中国天气系统的上游,又是中国西北沙尘暴移动过程中必经之地。

定西干旱气象与生态环境试验基地,是中国气象局于"七·五"期间开始投资建设的以围绕水分问题开展地—气相互作用研究以及进行干旱监测、干旱气候资源有效开发利用的综合性干旱气象试验基地。该基地监测干旱半干旱地区生态系统对中国天气气候的响应及影响、干旱形成的机制及其对人类活动的可能影响、干旱半干旱地区生态环境的实际变化、下游中东部地区天气过程、沙尘暴移动过程中对大气化学成分的影响等。上述一系列重要科学问题研究,将具有不可替代的基础作用。并将对中国西部大开发战略的顺利实施、预防干旱灾害、保护生态环境等提供决策依据。

基地干旱监测设备及条件

基地拥有基本气象观测、大气探测、大型蒸渗计水分观测、卫星过境资料接收、农田小气候及 CO_2 监测等方面的科研设备,可开展相关的野外科学试验与环境监测,也可与其他科研院所联合开展科学研究。基地总面积 $0.6\ hm^2$,与定西气象观测站相毗邻。是目前中国气象部门乃至地学部门惟一一个地处半干旱旱作农业区进行干旱气象与生态环境监测以及地-气相互作用综合观测试验研究等的科研基地。

基地科研设备现有 LG-1 大型称重式蒸渗计、PS-301 便携式光合作用综合测试仪、翻转式温湿度梯度仪、各种辐射表、16 m 高风温湿梯度观测塔、超声风速温度仪、湿度脉动仪、CO_2 通量观测仪、地温表、地中热流板、鲍恩比测试仪、各种辐射表、野外遥感资料接受平台、试验用温室等。

基地目前开展的监测内容有:农田土壤水分、农作物生长发育期、生长状况、生物量及旱地土壤蒸渗多年连续监测、地面气象基本资料观测等。根据科研项目的需要,还开展了风温湿梯度观测、水汽和 CO_2 通量观测、卫星过境遥感资料观测等。

试验站近年来主要围绕困扰甘肃农业发展的水分问题开展了提

高作物水分利用率(节水、集水等措施)以及气候变化对农业生产影响评估等的试验研究及半干旱区 SPAC 系统能量转换的初步观测试验研究。并取得了许多有价值的科研成果。有两项科研成果分获甘肃省科技进步二等奖和三等奖。此外,试验站还积累了自 1992 年以来日蒸散量、作物生育期鲍恩比加强观测以及有关土壤水分监测、雨水集蓄等试验资料。

今后的发展方向

基地今后的建设将以中国气象局提出的"建立国家级气象科技创新体系,建设国内一流、具有国际影响的综合性国家级气象科技创新基地和若干个专业气象科技创新基地"为总目标,充分利用现有的工作基础和科研设备,采用自行研制、引进和购置等多种方式相结合,高起点、高标准地建成一个集科研、教学及仪器标定为一体的综合性试验监测示范基地。为开展有关综合观测试验研究,进一步吸引和集中各方科研力量,加强行业间、部门间的联合与协作提供可靠的硬件保证。

第四章

干旱指标

干旱涉及气象、农业、水文及社会经济等学科,各学科对干旱有不同的理解和定义。不同学科的着眼点不同,很难要求各学科在各地区都采用统一的干旱标准。但各学科干旱的分析研究又都需要客观地确定干旱事件,区分它们的强度,进行不同时期和地区干旱事件的比较。所以,因地制宜地以某学科为主,兼顾灾情等,制定相对统一且简单实用的干旱标准也是应该的。

干旱一词在气象学上有两种含义:一是干旱气候,一是干旱灾害。前者是指最大可能蒸散量比降水量大得多的一种气候现象,通常干旱气候是指用 H.L.彭曼公式计算的最大可能蒸散量与年降水量的比值大于或等于 3.5 的地区,比如银川市二者比值为 4.65,大于 3.5,属于干旱气候,北京两者比值小于 1.5,属于半湿润气候区。与干旱气候不同,干旱灾害是指某一具体的年、季或月的降水量比多年平均降水量显著偏少而发生的危害。它的发生区遍及全国。在干旱半干旱地区,由于降水量年际变化大,降水显著偏少的年份比较多,干旱灾害的发生频率往往比较高。而湿润气候区则相反。本书主要介绍用干旱指标来确定干旱灾害的程度。干旱指标是研究干旱灾害的基础,客观、定量、合理的干旱指标能比较好地表达干旱灾害的情况。

从学科观点看,干旱可分为四大类:大气干旱、农业干旱、水文干旱和社会经济干旱。由于着眼点不同,使用资料不同,提出的干旱指标有多种多样,本书重点介绍几种干旱指标。

大气干旱指标

用史料评定旱涝等级

中国气象科学研究院等单位曾用中国地方志等史料对近五百年的旱涝文献记载进行等级划分,实践证明这个方法是处理定性描述记载的一种比较理想的方法。

依据史料记载评定旱涝等级时,主要考虑春、夏、秋三季旱情、雨情的出现时间、范围、严重程度,同时也兼顾各级出现频率,使1级、5级各约占总年数的10%;2级、4级各约占20%～30%;3级约占30%～40%。由于各地气候特点不一,各站点旱涝等级频率分配不强求一致。

关于各级划分标准及其在志书的典型描述举例如下:

1级:持续时间长而强度大的降水、大范围大水、沿海特大的台风雨成灾等。如"春夏霖雨"、"夏大雨浃旬,江水溢"、"春夏大水溺死人畜无算"、"夏秋大水禾苗涌流"、"大雨连日,陆地行舟"、数县"大水"、"飓风大雨,漂没田庐"。

2级:夏、秋单季成灾不重的持续降水、局地大水、成灾稍轻的飓风大雨。如"春霖雨伤禾"、"秋霖雨害稼"、"四月大水,饥"、"八月大水"、某县"山水陡发、坏田亩"等。

3级：年成丰稔、大有，或无水旱可记载。如"大稔"、"有秋"、"大有年"等。

4级：单季、单月成灾轻轻的旱、局地旱。如"春旱"、"秋旱"、"旱"、某月"旱"，"晚造雨泽稀少"、"旱蝗"。

5级：持续数月干旱或跨季度旱，大范围严重干旱。如"春夏旱，赤地千里人食草根树皮"、"夏秋旱，禾尽槁"、"夏亢旱，饥"、"四至八月不雨，百谷不登"、"河涸"、"塘干"、"井泉竭"、"江南大旱"、"湖广大旱"等。

在定级时，凡同一年份旱涝先后出现者，如春旱夏涝、夏旱秋涝等则以夏季情况为主；凡同一站点代表范围内有旱有涝，则以多数县份的情况为准。此外，也考虑各地的地理特点，对河网低洼地带的"河决"、沿海地带一般的"海溢"、"潮溢"等以及客水过境造成的水害，一般不加考虑。在西北干旱地区也有把农业丰稔等作为雨水丰沛处理，评为2级者。

凡史料记载中断不超过3年者，可以视为气候正常、无旱涝发生，评为3级，但有时也参照邻近地区等级内插评定。凡记载中断超过3年者，一律不定旱涝级别。

用降水资料确定旱涝等级

用降水量确定旱涝等级　依据降水量确定旱涝级别时，为了和历史资料所得的旱涝等级频率相一致，一般采用站点所在地区的5～9月降水量，按以下标准评定：

1级：$Ri > (R+1.17\sigma)$

2级：$(R+0.33\sigma) < Ri \leqslant (R+1.17\sigma)$

3级：$(R-0.33\sigma) < Ri \leqslant (R+0.33\sigma)$

4级：$(R-1.17\sigma) < Ri \leqslant (R-0.33\sigma)$

5级：$Ri \leqslant (R-1.17\sigma)$

式中 R 为 5~9 月多年平均降水量;Ri 为逐年 5~9 月降水量;σ 为标准差。

用降水距平百分率确定旱涝等级　干旱的原因很多,但降水量明显偏少则是致旱的最主要原因,国家气候中心以降水量距平百分率为衡量干旱的主要指标(表 4.1)

表 4.1　降水量距平百分率(%)的干旱等级标准

旱期	一般干旱	大旱	特大干旱
≥5 个月	—10%~—25%	—25%~—50%	≤—50%
3~4 个月	—25%~—50%	—50%~—80%	≤—80%
2 个月	—50%~—80%	≤—80%	
1 个月	≤—80%		

用 Z 指数确定旱涝等级　由于某一时段的降水量一般并不服从正态分布,假设其服从概率密度函数 Person-Ⅲ型分布,通过对降水量进行正态化处理,可将 Person-Ⅲ型分布转换为以 Z 为变量的标准正态分布。国家气候中心对 Z 指数进行了修正,将 Z 指数划分为 7 个等级,并确定其相应的 Z 界限值,作为各级旱涝指标,如表 4.2 所示。

表 4.2　修正后的 Z 指数旱涝等级标准

Z 值	等级	类型
Z>1.645	1	极涝
1.037<Z≤1.645	2	大涝
0.842<Z≤1.037	3	偏涝
—0.842≤Z≤0.842	4	正常
—1.037≤Z<—0.842	5	偏旱
—1.645≤Z<—1.037	6	大旱
Z<—1.645	7	极旱

除上述三种指标以外,有的单位用连续无雨(或无中雨)日数多少来确定干旱,如中国南方的农谚云:"三日无雨一小旱,五日无雨一中旱,十日无雨就大旱"。还有的单位判断是否出现干旱,不但考虑了时段降水量,同时考虑了气温、蒸发量和前期降水量等。

农业干旱指标

土壤湿度

土壤湿度一般以土壤水分的重量占干土重的百分数来表示(质量湿度),也有以土壤水分的容积占土壤总体积的百分数表示(容积湿度)。土壤湿度低于某一数值,植物吸收不到足够的水分而受旱。不同质地的土壤,植物受旱的土壤湿度不同,砂性土壤的值一般较小,粘性土壤的值较高,而且砂粒越粗值越小,越细值越大(表4.3)。

表4.3 不同质地土壤的干旱指标

种类 \ 土壤质地	砂壤土	轻壤土	中壤土	重壤土	轻壤土	中粘土
质量湿度(%)	4~6	4~9	6~10	6~13	15	12~17
容积湿度(%)	5~9	6~12	6~15	9~18	20	17~24

不同作物及其不同生育期对缺水的敏感程度不同。因此常针对不同生育期定出具体的指标,如春播时要求有比较大的土壤湿度,种子才能顺利萌动、发芽;土壤湿度太小,就不能全苗,所以干旱的指标较高(表4.4)。

表4.4 春播作物种子出苗的最低土壤湿度(%)

作物 \ 土类	粘土	壤土	砂壤土	砂土
棉花	18~20	15	12~15	10~12
玉米	17	13~14	12	10
高粱、谷子	15	12~13	10	6~7
花生	15~16	12~13	10~11	9

对于冬小麦来说,春旱的指标还要高些。因为小麦起身、拔节、

抽穗等需水较多,是对缺水相当敏感的时期,对于轻壤土来说,耕层土壤湿度(质量湿度)小于13%~15%,旱象就露头。

土壤有效水分贮存量

土壤里贮存的能被植物利用的水分多少,决定了作物的水分供应状况。土壤有效水分贮存量少到一定程度,作物将受到干旱的危害。该方法考虑了土层厚度不同,土壤有效水分贮存量的干旱指标也不同。如谷类作物分蘖到拔节时期0~20 cm土层中有效水分贮存量不足20 mm,作物就会因缺水而影响生长;不足10 mm,就会明显受旱。拔节到开花时期1 m土层的有效水分贮存量少于80 mm,作物就会因水分不足而出现受旱的症状。

水分供求差

干旱是水分收入不敷支出的结果,所以许多研究者用降水量与蒸发量的差值做干旱指标。蒸散是农田土壤蒸发和作物蒸腾的总耗水量。英国气象学家彭曼提出一种计算可能蒸散的半经验半理论公式。某一时段降水量与可能蒸散的差值为负表示供不应求,作物受到缺水威胁,负值越大,干旱越严重。

帕默尔干旱指数

帕默尔干旱指数的基本点是:干旱期是一个水分连续亏缺的时段,旱度是水分亏缺量及其持续时间的函数。安顺清等根据中国实际情况,对帕默尔干旱指数公式做了修正,不仅考虑了水分亏缺量,而且也考虑了持续时间,因此能较客观地描述旱情,能给出干旱开始、发展、减弱和结束的过程,并能定量给出各月干旱程度。因为它考虑了土壤深层的水分平衡,所以有一定的农业意义。

上述农业干旱指标含义不一样,第一种指标表示土壤水分多少,第二种和第三种指标综合参考了土壤、大气、植物的状况,能够较好地表示农作物的干旱程度,但可用性要看某些参量的可靠程度。第四种帕默尔干旱指数是综合指标,能较好地表示长期干旱的程度,它的算法比较简单。此外,有的研究者用水分供求差,即降水量与蒸发量的差值作干旱指标,有的用相对蒸发,即实际蒸散量与可能蒸散量的比值作干旱指标,在科研和业务工作中均有一定的应用价值。

牧业干旱指标

草地干旱指标

根据牧草地 0~30 cm 土壤含水量、6~7 月降水量及牧草产量划分干旱标准:

等 级	正常	轻旱	重旱
含 水 量(mm)	79~91	69~79	48~69
降 水 量(mm)	170.9~168.7	168.7~94.1	43.0~94.1
牧草产量(kg/hm^2)	810	461	48

黑灾指标

牧区冬半年依靠积雪解决牲畜饮水,当积雪过少或无积雪使牲畜缺乏饮水而遭受损失时称为黑灾。黑灾发生不仅与冬季积雪状况有关,也与封冻迟早以及供水条件有关。中国科学院蒙宁综合考察队提出在黑灾发生期内,采用连续无积雪日数的长短,把黑灾分为三个级别,其指标见表 4.5

表 4.5 黑灾指标

轻黑灾	连续无积雪日数 20~40 d
中黑灾	连续无积雪日数 41~60 d
重黑灾	连续无积雪日数超过 60 d

内蒙古自治区呼伦贝尔盟气象处根据该盟历年初冬积雪深度与降雪量得出：11月份0.9 mm的降雪能形成1 cm的积雪。而当气象站观测场积雪小于2 cm时，草原上的积雪往往是牲畜一踩即消失。故其将呼伦贝尔盟地区的黑灾指标确定如表4.6所示。

表4.6 呼伦贝尔盟黑灾指标

级别	指标
轻黑灾	连续2～3旬总降雪量<1.0 mm；或最大积雪深度≤2 cm，持续1个月
中黑灾	连续4～5旬总降雪量<1.0 mm；或最大积雪深度≤2 cm，持续2个月
重黑灾	连续≥6个旬的总降雪量<1.0 mm；或最大积雪深度≤2 cm，持续6个月

水文干旱指标

根据汛期(6～9月)河水径流量距平百分率来划分等级：小于−30%为枯水年，−30%～−10%为偏枯年，−10%～10%为正常年，10%～30%为偏丰年，大于30%为丰水年。

粮食减产率指标

中国水旱灾害编写提纲，以减产粮食占粮食总产量的百分率来确定干旱等级：10%～30%为轻旱年，30%～50%为重旱年，大于50%为极旱年。

发生干旱的原因是多方面的，影响干旱严重程度的因子很多，所以确定干旱的指标是一个复杂的问题。另外，干旱有多种含义，指标与所讨论的问题有关，简单的指标只能用于描述气候。用于研究社会经济、农业、畜牧业对水分的反应则需要复杂的指标，要根据不同的领域和对象确定具体应用指标，上述指标可供各部门参考。

第五章

干旱气候变化

地球大约于46亿年前形成。在地球生成的最初10亿年就已经形成大气。中国地质时代的气候变化与世界总趋势相近。大部分时期是温暖气候,寒冷的大冰期气候是相对短暂的。250万年前,进入第四纪。第四纪冷暖变化激烈,其中的寒冷时期称为冰期,陆地可能有近25%的面积被冰覆盖;相对温暖时期称为间冰期,仅有大约10%的陆地被冰覆盖。目前处于间冰期,有10.4%陆地被冰覆盖。

第四纪中每一个间冰期及冰期称为一个旋回。近70万年中有10万年的旋回占据统治地位。末次冰盛期出现于距今2.5万年~1.6万年,距今2.1万年冰盖规模最大。大约距今1万年进入一个新的间冰期,地质学上称为全新世。

三种时间尺度气候变化

千年尺度气候变化

所有研究工作都认为全新世可分为早全

新世、中全新世和晚全新世三大阶段。早全新世是三个阶段中最冷最干的时期，其中至少存在 1~2 个千年尺度的波动，但总趋势是变暖的。中全新世是暖湿的，特别是中全新世前半期是全新世最暖湿的阶段，也称为气候最适宜期，季风区向北向西扩大，如今以干旱半干旱气候为主的西北华北等地变暖变湿明显，大量资料显示温度比现在高 2.5℃左右，降水量比现今多 50%左右。其中存在几个千年尺度气候波动。晚全新世气候冷干，特别是干燥现象明显，其中包括 2~3 个千年尺度的波动。但是有关研究在具体确定三大阶段的时间划分上有些差别，最近施雅风等(1995)主要根据冰芯记录，认为中全新世应确定在距今 8500~3000 年。徐国昌根据有关资料，认为确定在 8300~3200 年比较合理，也即是定在第二暖期到第四暖期之间，与施雅风的意见接近。

表 5.1　中国西部和东部全新世千年尺度冷暖期(aB.P.)对比

中国西部 (徐国昌)		中国东部	
		徐馨、杨怀仁(1990)	竺可桢(1973)
		10000~9500(第一高温期)	
		9500~9000(第一新冰期)	
第一暖期	9200~8900		
第一冷期	8900~8300	8300~7000(第二新冰期)	
第二暖期	8300~6500	7000~5800(第二高温期)	
第二冷期	6500~5700	5800~5000(第三新冰期)	
第三暖期	5700~4500	5000~4000(第三高温期)	
第三冷期	4500~3600	4000~3600(干凉期)	
第四暖期	3600~3200	3600~3300(第四高温期)	
第四冷期	3200~2700	3300~2400(第四新冰期)	3000~2800
第五暖期	2700~2000		2700~2000
第五冷期	2000~1400		2000~1400
第六暖期	1400~900	1400~500(第五高温期)	1400~900
第六冷期	900~70	500~90(第五新冰期)	900~100

从表 5.1 看出：中国西部全新世千年尺度有 6 个冷暖期，其气候波动的平均周期为 1600 年，变化在 2800~1200 年之间，周期逐步由

长变短。波动振幅由比较大逐步变得比较小。徐国昌分析的结果在3000年以来与竺可桢分析中国东部的结果很接近,4000年以来与徐馨、杨怀仁分析的中国东部结果也很接近,但4000年以前与徐馨、杨怀仁的结果有一定的差异,这可能反应了中国东西部的差别。

百年尺度气候变化

中国东部 近五百年来中国东部的干湿年变化可以分为三个阶段:1479～1691年为干旱期持续213年,在此期间大的旱年出现了10个;1692～1890年为湿润期持续199年,在此期间大的旱年只出现了4个;1891年开始又转入干旱期。干湿期平均持续200年左右。在每一个阶段中还可以分出若干尺度为10～20年的干湿期。20世纪中国的降水是从18和19世纪的多雨期转为干旱的时期。通过周期分析,干旱指数的变化大致有2～3年,8～10年,21～26年,30～50年和140～170年等周期。前三个周期比较明显,其中21～26年周期可能与太阳活动的海尔周期(22年左右的太阳活动磁周期)有关。

中国西部 徐国昌等(1997)研究了近五百年半干旱区西部,即西北东部和河套区的干旱变化,并与半干旱区东部,即华北区作了比较,对半干旱区东部及西部,按划定旱涝等级的方法,划定每年每个站的级别。然后每年对每个区求平均,凡平均级别>3.0为旱。统计1470～1989年期间每10年的干旱频率,结果表明西部地区在近520年中有5段旱期,其起始年分别为公元1480年、1580年、1710年、1830年及1900年。各干旱期起始年之间的时间间隔为100年、130年、120年、70年,即大约间隔一百年左右。旱期持续期分别为50年、50年、40年、40年及20年。有趣的是,半干旱地区西部与东部的旱期十分接近(表5.2)。另外干旱区东部即河西区,后3个旱期也有反映。可惜由于史料不足,干旱区东部的干旱序列仅向前延伸到公元1690年,仅有三百年。然而这个序列也表现出与半干旱区西部有相当大的一致性。

表 5.2　近五百年中国西部干旱期

地区		1	2	3	4	5	作者
半干旱区东部	年代	1480~1520	1580~1640	1690~1740	1800~1870	1900~1940	徐国昌等(1997)
	频率	0.34	0.46	0.30	0.36	0.42	
半干旱区西部	年代	1480~1530	1580~1630	1710~1750	1830~1870	1900~1920	徐国昌等(1997)
	频率	0.47	0.38	0.33	0.28	0.40	
干旱区东部	年代			1710~1750	1810~1860	1920~1970	徐国昌等(1997)
	频率			0.48	0.38	0.57	
北疆	年代	1480~1520		1690~1740	1800~1870	1900~1940	袁玉江等(1991)
	降水距平%	−21.3		−8.1	−10.4	−11.8	
青海北部	年代	1400~1510	1580~1670	1700~1740	1810~1830	1910~1940	周陆生等(2000)
黄河上游	年代			~1750	1840~1880	1900~1940	冯建英等(2000)
新疆西部	年代			1790~1830	1880~1940		王承义(1997)
青海湖	年代	1490~1580	1670~1700	1740~1810	1830~1870	1880~1910	周陆生等(1997)
横断山脉	年代		1600~1640	1740~1790	1800~1840	1920~1950	Wu teal。(1988)
	降水距平%		−20	−10	−5	−10	

此外,还有不少研究也用不同代用资料对西部地区干旱作了分析,结果均列在表 5.2 中。如果抛弃一些细节上的不同,也可以发现西部的干旱期大约每百年左右发生一次,每次约持续 30~50 年。这是一个十分重要的结论。粗略地讲,20 世纪上半叶是一个干旱期,下半叶中国西部降水量有所增加。如按自然规律中国西部应进入一个干旱时期,但是温室效应加剧,西部降水量可能继续增加,究竟这两种作用哪一个占优势十分值得研究。

年代际尺度气候变化

降水量的局地性比气温强,其变化规律不如温度明显。五十年来中国东北中部、华东北部和东北东部降水量呈明显下降趋势。西南一些地区降水量趋于减少。华北地区降水量变化趋势从 20 世纪 50 年代到 90 年代总的来说是减少的。20 世纪 50 年代和 60 年代降水量较多,20 世纪 70 年代开始减少,20 世纪 80 年代最少,20 世纪 90 年代比 80 年代略有增加。

分析西北各地降水量变化趋势表明,近五十年来降水量变化呈

48 · 干 旱

现出东降西升的趋势,分界线大致在河西走廊东部。此线以东,包括西北东部各省(区),20世纪50~60年代降水量较多,20世纪70~90年代减少,五十年来呈前多后少趋势,与华北相似,但变幅比华北小。新疆降水量变化总趋势是增加的,特别是自20世纪80年代中期以来,增加是明显的。

干旱的周期性

为了查明干旱发生的周期性,许多研究者用不同的方法进行了分析,揭示了各地干旱的发生都具有准周期的特点。徐瑞珍、王雷应用能谱分析法对全国的干旱指数进行研究,发现有三个超过95%置信限的峰值,相应的波长为10.4、5.1和2.5年。张德二把中国大陆分为16个区,分别对干旱指数的序列进行谱分析,结果如表5.3所示。比较明显的周期有2~3年、5~6年、9~11年、19~24年和32~40年。

表5.3　各区域旱涝变化的准周期性(a)

区域	东北	内蒙古	河北	鲁淮	陕晋	渭河	秦巴	甘宁	长江下游	长江中游	湘赣	闽瓯	南岭	两广	川贵	云南
周期长度	19.4 4.0 2.0	42.0 22.4 16.4 5.0 3.0 2.5	33.6 21.7 10.4 5.0 3.7 2.3	26.3 19.0 10.4 5.1 3.3 2.5	24.0 17.7 5.0 2.4	26.3 15.8 4.0 3.0 2.1	38.4 21.0 16.0 10.4 5.1 3.1 2.2	46.3 26.3 9.2 3.1	19.8 5.1 3.6 2.0	44.8 21.0 9.6 5.5 3.6 2.3	19.2 2.3	16.4 4.6 2.3	32.0 20.1 15.4 9.5 5.0 2.1	32.0 9.4 5.1 3.6 2.7 2.4	40.7 28.6 19.2 13.9 3.0 2.3	34.0 5.0 3.3 2.3

干旱的空间分布

许多学者对中国干旱的地区分布规律进行了大量研究,徐瑞珍、王雷把中国分为5个纬度地带,统计严重干旱出现的频次,看出低纬度干旱发生次数较少,随纬度升高发生频次增多,到35°~40°N达到最大值,40°N以北又减少。总的看来,近五百年中北方出现大范围干旱的概率比南方要大。

表5.4 各纬度各时段重旱出现频次

纬度(°N) \ 时段	1470~1569	1570~1669	1670~1769	1770~1869	1870~1977
40以北	—	—	—	—	10
35~40	15	16	8	6	13
30~35	6	9	5	5	9
25~30	6	6	4	4	6
25以南	—	—	—	—	4

季节干旱的空间分布

中国幅员辽阔,各地农业和气候差异很大,不同季节干旱对农业的危害也各不相同,它的空间分布也不一样。

春旱

中国北方广大地区,春季日照充足,空气干燥,温度上升很快,而且风多风大,蒸发强烈,土壤失墒很快。但是春季降水少、变率大,各月降水量都小于50 mm,且由南向北迅速减小。降水量远远低于蒸发量,水分亏缺严重,常常发生干旱,素有"十年九春旱"之说。据统计,华北地区发生春旱的概率在70%左右,还常常发生连年春旱,如1970~1975年连续6年发生春旱;东北地区的西部,春旱发生频率也高达70%左右,连续春旱年多达9年,如1968~1976年;西北地区春旱频率约44%。春旱发生频率较高的地区有河北省南部、河南省北部、山东省中部和西部、晋中、晋西北、晋北以及辽宁省、吉林省、黑龙江省三省的西部以及内蒙古自治区东部农区。此外,陕北、陇中、宁南和青海东部农区也是北方春旱较重的地区。

春季,华南、西南受副热带高压势力控制,雨量减少,降水变率较大,遇少雨年易发生春旱。广东南部沿海、雷州半岛和海南岛的西南部发生春旱概率极高,其中重春旱年占31%~63%。广西中部和南部春旱发生频率为30%~50%,西部达70%~90%。西南地区春旱也比较频繁,云南省旱灾中春旱占70%以上。四川盆地春旱也比较严重,发生概率最高的是绵阳、简阳和威远一带。

长江中下游沿岸及以南的中国东南部地区,春季雨量较多,有些地方4月、5月的雨量是全年各月中最多的,如长沙5月份雨量231mm,4月份202mm比其他月份高得多。而且降水变率小,如4月份的降水变率上海为32%,湖南省的安化和武冈只有17%~18%,是该月全国最小的,因此这个地区春旱的发生概率最小。

夏旱

初夏旱 在中国北方,初夏雨季尚未来临,降水仍然很少,但气温升高,蒸发加强,水分亏缺严重。据观测,无灌溉地土壤水分从春季开始逐渐减少,到初夏时节达到一年中的最低值。在缺雨年份,初夏是水分供应最差季节。这时雨量年际变化很大,雨季开始早的年份,初夏就解除旱象,来得晚的年份干旱就相当严重。统计表明,初夏旱主要发生在甘肃中部、宁夏南部、关中东部、山西南部、河南中北部、河北南部和山东中部。

长江中下游初夏是梅雨季节,常年雨量较多,为旺盛生长的农作物提供充足的水分。但有的年份东南季风来得晚,梅雨推迟,有的年份雨带在南方停留过长,随后迅速推向北方,使这一地区雨量大为减少,出现所谓"空梅",则会发生初夏旱。不过,这种初夏旱发生的概率不如北方多,危害不如北方大。

伏旱 盛夏三伏期间的干旱。这时作物生长旺盛,需水多,抗旱能力弱。干旱发生时太阳辐射强烈,温度很高,空气干燥,蒸发力强。因此,这时干旱对农作物的危害特别大。伏旱主要发生在秦岭、淮河以南到广东、广西北部的广大地区,特别是湖南、湖北、江西、浙江西部,其次是北方地区。7月上旬,雨带移到华北、东北地区,秦岭、淮河以南到广东、广西北部的广大地区被副热带高压控制,空气下沉,天气晴热,蒸发力强,而降水很少,水分供求矛盾大。如果沿高压脊西侧北上的台风偏少,则这个地区会因雨量比常年偏少而发生伏旱。

张家诚、林之光用降水与蒸发之差作伏旱指标,计算各地伏旱范围和强度。大约110°E以东、25°N以北,31°~32°N以南,以及四川盆地东南部地区,降水蒸发差都在100 mm以上,是较重伏旱区,其中大约26°~31°N,112°~120°E之间,降水蒸发差高达175 mm以上,是重伏旱区。金华、南昌和长沙三地的平均降水蒸发差高达236 mm,是伏旱最严重的地方。伏旱开始的时间,南部比北部要早。最南部7月上旬甚至6月下旬就进入伏旱,而北部的上海、武汉等地要推迟到7月中旬以至下旬才开始伏旱。

在北方,有的年份副热带高压位置偏北,使37°N甚至更北的地区受它的控制,发生伏旱。陇南、陇东、陕南、关中、晋南及河南境内的黄河沿岸7月下旬到8月上旬的伏旱,主要是这种形势下出现的。另一种情况是副热带高压位置偏南,雨带在江淮一带停滞,北方广大地区雨量偏少,发生伏旱。北方伏旱的发生概率比春旱和初夏旱要小,但是从咸阳以东的渭河谷地到河南境内的黄河两岸,伏旱最为频繁。豫西上陵区和晋南地区伏旱的发生频率高达75%,关中东部为

60%,陇东为50%。这一地区的伏旱多发生在7月下旬到8月下旬之间,其中8月上旬的发生概率最高,占50%以上。

秋旱与冬旱

9月以后,副热带高压迅速南退东撤,雨带逐渐南移。如果副高的撤退比常年快,使有些地区降水显著偏少,则会发生秋旱。统计表明,秋旱主要发生在湖南、湖北、江西、安徽等省,其次是发生在北方。这时秋收作物已处于成熟阶段,需水不多,加上温度迅速降低,蒸发减弱,秋旱的影响比较小。

中国冬旱主要发生在华南。因为这里冬季温暖,还有作物生长,需要充足的水分。但是这个季节降水变率比较大,遇少雨年就会发生冬旱。在北方,冬季降雪量不多,变率很大,冬季也常有降水显著偏少的年份,不过大部分地区田里没有作物,也就无所谓干旱;有些地方种植冬作物,但因处于越冬期,地上部干枯,耗水少,直接的旱害不多。不过冬季缺水使表土变干,增大温度波动,遇冷冬年,越冬作物往往因寒旱交加而发生大面积越冬死苗。新疆北部,如果冬季积雪晚、雪层薄,则冬作物会发生越冬冻害而造成减产。在北部和西北部草原地区,冬季少雪会发生"黑灾",牲畜因吃不上雪水而严重掉膘、染病以至死亡。

季节连旱

有些年份,干旱持续时间很长,出现了连续两个季节以上的干旱。季节连旱对农业生产影响很大,历史上严重的旱灾年几乎都是季节连旱。建国后季节连旱造成的灾害也是最严重的。1972年是中国的严重旱年,北方和南方都出现大面积干旱地区,它就是春夏连旱造成的。华北、华中和西南等地区春旱之后,7月份降水量又比一般年份减少60%~90%,汉口、长沙、贵阳、太原、北京等地6~8月总降水量为1951年以后的最低值,其中晋中、冀中、冀北、辽西是50

年所未见,不少地区水库干涸、河水断流,海河水位出现最低值,黄河在济南以下断流20天,许多地区人畜饮水的供应都发生困难。夏播推迟到7月中旬末,到秋季大多数作物不能成熟,造成大范围的严重减产,有些地方绝收。1965年也是严重的旱年,华北地区是春、夏、秋三季连旱。晋、冀、内蒙古南部、宁夏南部、晋西北、豫北地区,5~10月总雨量只有100~250 mm。内蒙古大部和宁夏的银川地区仅45~75 mm,均比常年少5~7成。河北的保定、沧州、衡水,山东的惠民以及山西的太原、介休等地连续两三个月未下透雨,沁河和南运河一度断流,人畜食用水都难以供应,土壤墒情很差,一般在10%以下,有的降到5%,农作物受到严重干旱危害。

沈振荣统计了不同季节连旱发生的频率,结果列于表5.5。看出黄淮海地区春夏连旱和春夏秋连旱发生的概率较高,分别为4年一遇和5年一遇,受旱严重地区干旱持续150天。东北和西北地区都以春夏连旱最为频繁,约5年一遇。1980年东北地区春夏连旱相当严重,最严重的地区干旱持续170多天。长江中下游地区以夏秋连旱为主,受旱严重年份干旱持续150多天。西南地区冬春连旱的概率很高,平均3年一遇,严重地区干旱持续150天以上。华南地区冬春连旱最频繁,平均3年多就有一次,其次是夏秋连旱,平均4年一遇。

表5.5 各地区季节连旱概率

地区	连旱概率（%）						
	春夏	夏秋	秋冬	冬春	春夏秋	全年	合计
黄淮海	25	—	—	7	21	4	57
长江中下游	11	21	4	—	7	—	43
东北	21	7	—	7	—	—	35
西北	21	4	—	—	7	—	32
华南	4	25	4	29	—	—	62
西南	—	4	—	32	—	—	36

第六章
全球气候变化与干旱

作为全球环境的一个重要组成部分气候变化会对自然、生物、经济和社会的各个领域和部门产生重大影响。世界范围的气候异常会给许多国家的农业、交通、能源、水资源部门带来严重的影响和损失。1968~1973年,非洲大旱,涉及36个国家,受灾人口达3500万之多,逃荒者逾1000万人,累计死亡人数达200万以上。2001年,中国在经历了1999年和2000年的连续大旱之后,北方地区又一次遭受了罕见的大旱,一些地区水库、河渠出现了干涸或断流,地下水位下降,造成人畜饮水困难,并使农业生产受到严重影响,北方连遭沙尘天气袭击,给农牧业生产和群众生活带来较大的影响,并使一些地区生态环境进一步恶化。因此,全球气候变化问题及其可能产生的社会、经济影响越来越得到各国政府和科学界的广泛关注。

全球气候变化的基本事实

近百年来全球气候变化最突出的特征是

气候的显著变暖。根据 IPCC 第三次评估报告的主要结果：从 1860 年以来全球平均升温 0.6 ± 0.2 ℃,最近 20 年最暖,近百年来最暖的年份均出现在 1983 年以后。20 世纪北半球温度的增加可能是过去 1000 年最高的。平均增温特征主要表现为：陆地上夜间最低温度的上升,而不是白天最高温度的增加。温度区域变化也很明显,冬季和春季的中纬度大陆增温最大,北大西洋地区温度则有所下降。这个增温可能主要是由人类排放的温室气体影响引起的,未来全球变暖还会继续下去。

降水分布也发生了变化,大陆地区,尤其是在中高纬地区降水增加,但也有不少地区降水减少如非洲地区。有些地区极端天气与气候事件(厄尔尼诺、干旱、洪涝、雷暴、冰雹、风暴、高温天气和沙尘暴等)的频率与强度增加。从 1900 年以来,海平面上升 $10\sim20$ cm,大部分非极地冰川正在退缩。北极海冰的范围与厚度在夏季明显减少,极区冻土带消融、变暖和退化；水文循环出现加剧的趋势。

上述事实表明地球的气候系统正经历一次以全球气候变暖为主要特征的显著变化,目前正处于一个全球变暖的世界。全球变暖是一个事实。根据 IPCC 的结果,这种变暖是由自然的气候波动和人类活动共同引起的,但最近五十年,人类活动是造成气候变化的主要因子。

中国气候变化的基本事实

近百年来的温度变化,中国与世界的平均情况是相近的。20 世纪以来气温开始回升,近百年最暖的时期出现在 20 世纪 20~40 年代。20 世纪 40 年代中期达到最暖,20 世纪 50 年代前期气温较高,以后急剧下降至 40 年中的最低点(1956 年),20 世纪 70 年代初再次开始回升,20 世纪 90 年代达到近 40 年中的最高值,但仍未超过 30~40 年代的高温年。近百年中国气温上升了 $0.4\sim0.5$ ℃,略低于全球平均的0.6℃。和北半球相比，中国20世纪40年代的降温（-0.63℃）比北半球（-0.13℃）明显，但80年代的增暖不如北半球激烈。近百年中国气候变暖最明显的地区在西北、华北和东北地区，特别是西北（陕、甘、宁、新）变暖的强度高于全国平均值。长江以南地区变暖趋势不显著，有些地区（如四川）甚至出现变冷。冬季增温多，夏季增温小，中国已经连续经历了16个暖冬。

降水量的局地性比气温强，其变化规律不如温度明显。一般来说，中国降水的总趋势大致是从18和19世纪从较为湿润的时期向20世纪较为干燥的时期转变。从全国来看，50年代雨水明显偏多，60年代降水大幅度减少，70年代降水继续减少至最低值，90年代比80年代降水量略有增加。全国降水的减少趋势主要表现在夏季，干旱趋势明显的地区，北方主要有河北、山西和山东，南方以湖南、广西、贵州和云南为中心。

由上面的分析可得到，中国的气候变化具有明显的区域特点，主要是：许多地区出现的夏季干旱化趋势和暖冬。

未来气候变化情景展望

未来50~100年全球气候系统将继续发生显著变化，由于气候系统的惯性，这种变化将会继续几百年甚至几千年。到2100年的100年间，由人类活动造成的温室气体的排放将继续增加。全球平均地表气温将上升1.4~5.8℃。这可能是近10 000年中增温最显著的速率，降水产生季节性和南北性移动，其中干旱和半干旱区变得更干。海平面上升0.09~0.88 m。北半球雪盖和海冰范围将进一步缩小，ENSO事件的频率和振幅可能继续增加；温盐环流将减弱，但不会关闭；一些极端事件（如高温天气、强降水、亚洲季风降水变化、中纬度风暴、热带气旋强风、旱涝事件）发生的频率会增加。

在中国,气候将继续变暖。预测在 2020～2030 年气温上升 1.68℃;到 2050 年上升 2.22℃,预计大气 CO_2 浓度加倍时气温将达 2.94℃,其温度增加的幅度由南向北增加。中国西北地区气温可能上升 1.9~2.3℃,西南可能上升 1.6~2.0℃。青藏高原可能上升 2.2~2.6℃,降水在未来不少地区出现增加趋势,以东南沿海为最大。但有一些地区出现继续变干的趋势,如华北和东北南部,以及长江中下游地区。

未来气候变化的可能影响

对水资源的影响

全球变暖后,水资源将是危及人类生存与发展的又一大问题。因为气候变化可通过降水的改变,而影响水分截流、地表径流和蒸发整个水循环过程。全球变暖可能会改变区域降水量和降水格局,极易造成降水极端异常事件的发生,导致洪涝、干旱灾害的频次和强度增加。据 IPCC 报告,到 2050 年,全球年平均径流变化(相对于 1961～1990 年之平均值)将表现为高纬和东南亚地区径流增加,中亚、地中海地区、南非、澳大利亚呈减少趋势。

全球变暖后,中国各流域年平均蒸发量将增大,七大流域天然年径流量整体上呈减少趋势。其中,黄河及内陆河地区的蒸发量将可能增大 15% 左右,这将需要较大幅度地增加农业灌溉的耗水量。长江及其以南地区年径流量变幅较小,淮河及其以北地区变幅最大。辽河流域增幅最大,黄河上游次之,松花江最小。

随着径流减少,蒸发增大,气候变化势必加剧水资源系统的不稳定性和水资源供需的矛盾。尽管气候变化产生的缺水量小于人口增长及经济发展引起的缺水量,但在干旱年份,气候变化产生的缺水量将大大加剧中国华北、西北等地区的缺水并对社会经济产生严重影响。气候变化对水资源量的影响主要取决于降水量。如果降水量的增加值大于蒸散量的增加值,则缺水矛盾会得到一定程度的缓解。预计,2010～2030年西部地区缺水量约为200亿 m^3,2050年将缺水100亿 m^3。而且西部地区由于缺乏供水工程等水利设施,水资源系统对气候变化的脆弱性较大。

对生态环境变化的影响

近五十年来山地冰川普遍退缩。根据小冰期以来冰川退缩规律和未来夏季气温和降水量变化的预测结果,到2050年西部冰川面积将减少27.2%。未来50年青藏高原多年冻土空间分布格局将发生较大变化,80%～90%的岛状冻土发生退化,季节融化深度增加,形成融化夹层和深埋藏冻土;表层冻土面积减少10%～15%,冻土下界抬升150～250 cm。到2050年,冬季气温将升高1～2℃,随着降雪量缓慢增加,青藏高原和新疆、内蒙古稳定积雪区积雪深度将分别以2.3%和0.2%的速度缓慢增加;同时雪深年振幅将显著增大,大雪年和枯雪年的出现更为频繁。到2100年大范围积雪将可能于3月份提前消失,春旱加剧,融雪对河川径流的调节作用将大大减小。如不控制,任其发展,土地沙漠化速度将不断增大。山地灾害和雪冰灾害范围将可能扩大,频率将增加。

气候变化对西部绿洲有不同程度的影响,但不会带来灾难性后果,甚至有些方面是有利的,如径流量有可能增加,大多数植物的生长期延长、无霜期缩短,干物质将有所增加,高寒区的农业生产力有所提高。

需要指出的是全球气候变化及其预测的研究将是21世纪地球科学最重大的研究课题之一,气候预测的研究中存在许多不确定性,对未来气候变化特别是降水变化的预测只能是初步的,许多科学问题还需要深入研究。

第七章
干旱形成原因

冷暖与干湿

总体上,在海陆分布基本不变和全球性变化及变幅较大的情况下,干湿变化与冷暖变化之间存在一定配合关系。这种关系在千万年以上和几十年以内的气候变化中都不明显。

中国在 3000 年至 7000 年前气候是十分暖和的。据王邨等人研究,中国黄河中游在此时期也是潮湿的。例如,在郑州北郊大河村遗址(约 3000 或 2500 年前)发现当时房屋很注意防潮,房顶棚板材料属芦苇类。劳动工具中有大量蚌刀、蚌镰。农作物主要有粟类,还有莲子。这种情况都只有在降水大于1000 mm才有可能,而现在那里的降水约800 mm。

在公元 301～588 年的 288 年冷期内根据王邨的研究是严重干旱时段。这个研究结果都同竺可桢所得关于 4～7 世纪比较干旱的结果是一致的。有意义的是这一段时期也是寒冷时期。北魏时代贾思勰编著的《齐民要术》一书记载了 6 世纪黄河流域农业生产季节和大量物候现象同现在北京的情况相似。公元366年昌黎到营口的渤海湾连续三年冰冻。冰上可以来往车马及三四千人的军队。估计当时年气温比现在要偏冷2℃左右,欧洲在这一时段也是比较冷的。

历史上另一个寒冷时期是16世纪到19世纪之间的欧洲小冰期。其中最寒冷的是17世纪。这从中国湖泊结冰情况可以明显看出来。从16世纪以后,诹访湖在17世纪只有1年不结冰,18世纪只有9年不结冰,其他世纪不结冰年数均在10年以上。中国在这一时期也很干旱。著名的崇祯年间大旱也出现在这一世纪。1470年后500多年来,中国35°N以北地区13次特大干旱年中,17世纪就有6次。1550~1750年间里海水位比以后要低2 m以上,说明气候是相对干旱的。

根据徐国昌的研究,中国干旱半干旱地区全新世以来千年尺度的气候波动,基本上都是暖与湿对应,冷与干对应。近五百二十年中大多数百年尺度的暖期与湿期基本对应,冷期与干期基本对应。

以上材料说明,气候温暖有利于降水增多,气候寒冷有利降水减少。这种关系只是一种大的趋势,只适于全球或半球性增温。这是由于全球性增温引起大气中的含水量增加,并使大气潮湿不稳定性上升。表7.1是空气中绝对湿度随温度变化的情况,大致每上升10℃,大气的绝对湿度增加约一倍,上升是很迅速的。

表7.1 标准气压下饱和湿空气绝对湿度($g·m^{-3}$)和温度(℃)的关系

温度	0	10	16	18	20	22	24	26	28	30
绝对湿度	3.81	7.67	11.4	13.0	14.7	16.6	18.8	21.2	23.9	26.9

因此,全球性温度变化对大气含水量的影响很大。大气含水量多,就容易形成降水。夏季降水量远多于冬季,固然还存在其他许多原因,但大气中水汽含量多是一个主要原因。在冬季,南北温度差别大,冷暖空气作用十分强烈,但降水量远不如夏季,也是由于大气水汽含量少造成的。

但如果只是局地性温度变化,或温度变化的幅度很小,就会因为各地变温符号不同或量级太小,在大气含水量的变化上反映不明显。同时,降水有其复杂的原因,也不能排除少数例外。即使冬向夏过渡,引起整个半球降水增加,但仍有少量冬雨区。亚洲大陆伊朗西部的扎格罗斯山区,冬季正当南支西风将地中海水汽带来的中途,是一个冬雨区。阿富汗的兴都库什山区冬季也受西风急流影响,有大西洋潮湿气流的影响,也是冬雨区。但是,增温引起降水增多则是远为普遍的现象。

地理位置、地形

西北干旱区的形成

在晚第三纪时,中国甘肃、新疆一带还多是草原,山区较湿润,有森林存在。天山西部和北部为暖温带阔叶林或针阔叶混交林。那时准噶尔盆地西部的玛纳斯湖与艾比湖、柴达木盆地等都为广阔的湖盆地。即使在塔里木盆地,四周山地降水较多,许多源于昆仑山、帕米尔和天山的流水,汇聚形成水量充足的塔里木河,东流注入盆地东端的罗布泊,盆地内水网稠密,有一定数量植被。这种水网密布、湖泊众多的情况,不仅在塔里木盆地,而且在中国西北广大地区和青藏高原那时都相当普遍。

早在第三纪末、第四纪初,青藏高原大幅度隆升,对行星风系环流产生巨大影响,一些大气活动中心和锋带活动位置有很大改变,造成中国气候分布格局变更极大。中国西北地区由于四周山脉隆起,水汽来源不断受阻,大陆度有所增大,气候逐渐干燥起来,尤其是塔里木盆地一带,四周的许多山脉,如天山、阿尔泰山、昆仑山等逐步隆起,使得这个本来居于内陆的盆地格外干旱起来。西南季风挟带的水汽均难以到达这一带,盆地上空又逐渐受下沉气流控制,久而久之就形成现今的塔克拉玛干沙漠。

到中更新世晚期,高原及西北众多的山脉已隆升至相当高度,这时的准高原面在青藏地区达到3000 m左右,对水汽的阻滞作用十分显著,下沉气流强盛,致使中国西北大部分地区出现大片荒漠。在北疆发现当时已有仅分布在石质戈壁和沙漠边缘的古植物:黑琐琐、白琐琐、麻黄等,在南疆则已出现大片沙漠。在这一时期,塔里木盆地中部随气候进一步干旱,水源不断减少,植被大量死亡,巨厚疏松的冲积沙层受风力吹扬,塔克拉玛干沙漠不断向外扩张。同时,沙漠一旦形成,干燥裸露、颜色浅淡的下垫面性质,造成辐射状况改变,有利于反射或有效辐射散热的热效应,进一步促成气流稳定下沉、持续干旱,也会使得沙漠不断扩大。此时在柴达木盆地,湖泊沼泽面积大为减少,风的吹扬作用和风积作用,使该盆地内有垄冈沙丘和新月形沙丘等形态堆积物。

晚更新世冰期,对中国西北干旱区的形成和发展亦有重要的影响,一般说来,第四纪的几次冰期多与海平面下降相对应。在冰期最盛时,中国海岸位置在今长江口以东600 km远处,推算出最低海平面比现代低140 m。海岸线东移,陆地西伸,势必造成中国西北地区更加远离海洋的影响,干旱化、沙漠化因此进一步扩大。后来,气候虽然也有过较大变动,干旱程度和沙漠面积有过改变,但中国西北自末次冰期以来干旱气候并没有根本性的变化。

不同地形对降水的影响

全世界以至各大洲的最低雨量记录虽然主要是由于副热带高压带控制或冷洋流影响所造成,但其中也常常包含了地形的影响,而且,由于地形直接或间接影响却也独立造成了许多面积不同的干旱缺水和荒漠地区。最为典型的就是北美洲的西部山脉和南美洲的科迪勒拉山脉。它们在本该是温带森林带的纬度上制造出了两个荒漠或半荒漠景观。一山之隔,造成了两个不同的自然世界。

亚洲中部的中亚细亚诸荒漠的形成也间接是由于地形的影响。因为它南有喜马拉雅山、青藏高原、帕米尔高原和伊朗高原等阻挡西南季风和南方暖湿气流;东有大兴安岭、燕山、太行山脉、蒙古高原、黄土高原对暖湿东南季风气流的重重屏障,西有欧洲诸山脉、高加索山脉、中亚诸山脉等阻挡西方大西洋上来的湿润气流。这些气流中的水分大都降于以上山脉的迎风坡侧,进入中亚的水汽为数就不多了。加上当地夏季晴天高温,蒸发强烈,中亚的自然界便逐渐变成半荒漠、荒漠景观。

就是在邻近印度洋的喜马拉雅山区河谷之中,由于高山对于来自北印度洋水汽的阻挡,大量降水下在迎风坡上的结果,河谷中的降水同样十分稀少。例如喀喇昆仑山区中有5个站年平均降水量仅8～16 mm,而周围山区高处,据水文和冰川学家估计,年降水量至少在200～300 mm之间。在这里的谷地中,由于海拔较高气温低蒸发少而幸免于被沙漠淹埋,但植被景观已相当干燥。科学家据此指出了喜马拉雅山主要谷地的植被类型是如何灵敏地反映了当地的降水状况,即山顶山脊(气温低蒸发少而降水较多)比山谷盆地(气温高、蒸发多而降水较少)要潮湿得多。

中国南疆盆地塔克拉玛干大沙漠(中亚细亚沙漠之一)的形成,乃是因为天山、帕米尔高原、青藏高原等背风雨影效应叠加而成。盆地东面虽然"门坎"较低,但从种种迹象分析,东南季风已经很难逆高空西风带而把太平洋水汽输送到这里,何况地面还有重重高山阻截。所以盆地东部年雨量大多在20 mm以下,吐鲁番盆地中更少,盆地西侧的托克逊年雨量平均只有6.9 mm(1968年仅0.5 mm)。这里不仅是中国年雨量最少的地方,也是亚洲年雨量的最低记录。

据美国公布,世界上大洋中有长期观测记录的岛屿上年降水量最少的地方,为夏威夷岛的普阿科(Puako)地方,年雨量仅为227 mm(13年记录平均)。由于背风雨影作用,它比附近广大海面上雨量少了一半。与附近考爱岛迎风坡上世界最高记录11 693 mm相比,地形使这里年雨量减少了51.5倍。

地形对干旱气候有显著影响,高大山脉地形对局地气候的影响,在程度上常常可以与大气环流、太阳辐射相比较。在中国北方夏季季风活动的边缘地区,东西向或东北到西南向山脉往往成为潮湿和干旱气候的分界线。例如,秦岭以北的降水显著少于秦岭以南。中国幅员辽阔,其中三分之一是山地。所以,研究地形对干旱气候的影响十分必要。

下垫面

地面反照率

半干旱区和半湿润区的干化现象一方面与地形"连锁"在一起的下沉运动有关,另一方面是由于高原、沙漠的干化、沙化过程中,通过反照率的加强引起的自反馈作用。地面反照率的变化能够产生显著的局地环流和降水的变化。

由于岩石土壤和沙漠比植被土壤的地面反照率更强,因此沙漠和光滑的岩石可以比周围地区反射更多的太阳辐射,引起到达地表的太阳短波辐射能减小,导致地表蒸发量和空中云量相应地减少,从而形成一个辐射热汇。地面储热少,空气散热大,为了维持热量平衡,空气必然有下沉运动,这样又导致地面蒸发和上空云量及降水的减少。因此地表的植被面积减少,岩石、沙漠等地表干旱区增大,回过来又加强了反照率,形成正反馈。

上述物理过程没有包括环流改变的平流作用。干旱气候多是形成在副热带地区,因此平流作用相对较小,辐射和凝结的热量得失主要与垂直运动相平衡。反照率加强所造成的潜热和感热向大气输送量减小,导致冷却。它将减小低层辐合及上升运动,或增大低空辐散和下沉运动。这些效果将进一步减少降水量,使得大气变干。这样动力学效应和热力学效应是相互支持的,从而形成了干旱气候见图7.1。

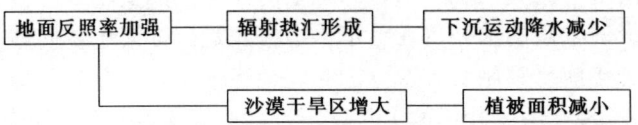

图 7.1 地面反照率加强所引起的干旱形成的生物地球物理学机制

沙漠化

同干旱化问题密切联系的是沙漠化问题。沙漠地区的气候是极为干旱的,而干旱气候又是土壤沙漠化的一个自然条件。

沙漠化有一个共同的机制:

- 多雨时期扩大和加强了对沙漠边沿干旱地带的土地利用,包括扩大放牧、开垦荒地、采集薪柴等。
- 在随后到来的干旱时期出现严重风蚀,或在暴雨到来时发生水土流失。中国科学家认为,旱灾是沙漠化的突发因子,也是这种机制的一个具体反映。由于多雨和干旱期是交替而且不断重复出现的。沙漠化破坏了地面植被,因而加强了干旱化,在更加干旱的情况下,人类为开发新的自然资源,以弥补它的缺乏,又加强对其余土地的利用。这样又为沙漠化不断扩大创造了条件。对于这种恶性循环,世界上已有突出的例子。

例如,印度塔尔沙漠的演变史。塔尔沙漠的面积大约在 47 万 km^2 以上,相当于印度的总面积的 20%,这里年降水量不到 130 mm,气候炎热干燥,蒸发量很大,因此成为世界最干旱地区之一。在沙区中人烟稀少,是一片不毛之地。现在该沙漠正以 $0.5 \, km \cdot a^{-1}$ 的速度向外扩张。但是,据考古发现,在一千多年前,这里是有农、牧业生产的。在公元前 2500 年左右,这里生长着喜欢湿润气候的植被,空气潮湿,水分充足,有着发达的文化。直到第 7 世纪这里尘暴屡次发生,到公元一千年,沙漠又一次显著扩展,逐渐发展成今天这样广阔的沙漠。在夏季,印度其他地区都是雨季,这时流过塔尔沙漠上空的气流也是来自阿拉伯海的潮湿的夏季风。但是夏季风所携带的丰富的水分现在已不再在塔尔地区降落了。问题在于为什么两千年前夏季风所带水分能在此地降落,而现在却不可能。

据研究,现在塔尔沙漠的上空已不存在有利于降水的上升气流,而是不利于降水的下沉气流。塔尔沙漠上空大量的尘埃可能就是这种差别出现的原因。现在塔尔沙漠地区上空气层里含有 1.5 t·km^{-2} 的尘埃,比美国第二大城市芝加哥上空尘埃的含量还大几倍,以致白天的太阳变成暗红色或被完全遮住,夜间尘幕遮盖了群星。

尘埃能反射和吸收阳光,阻挡阳光到达地面,同时尘埃层(特别是上层)空气温度却升高了。这样,在尘埃层下形成逆温,不利于上升气流发生。夜晚,尘埃层辐射消失热量,虽能引起空气下沉,但下沉空气不会产生雨水。

青藏高原

高原隆升不仅是壮观的地质事件,造成地形大的变异,而且在气候的形成与演变过程中起着重要的作用。在高原隆升之前和初期,青藏地区及其周围的环境与现今极为悬殊,古气候与现代气候也截然不同。据数值试验结果,高原隆升前欧亚大气环流与现今很不一样,冬季亚洲大陆上没有现在的蒙古冷高压,而有一个大陆高压出现在 95°E、30°N 附近。夏季没有印度热低压,但有一个大陆热低压出现在中国东北地区,约在 135°E、47°N。高空的环流形势是中国整个副热带地区西风环流平直,冬季没有显著的亚洲沿海锚槽,夏季也没有巴尔喀什湖长波槽和100 hPa上的青藏高压。环流的季节变化只是渐变,而非突变。副热带高压脊线最北只能到达25°N附近,印度洋上跨赤道气流甚弱,热带辐合带只到达15°N附近,垂直气流分布也与现今截然不同。在这种形势下,受下沉气流作用,青藏地区冬季不寒冷,但较干燥,夏季则干热。而中国西北地区却不像现今如此干旱,广袤沙漠。

进一步的数值试验推断高原隆升至1000~2000 m,即晚第三纪末期至第四纪初期,高原以东平原地区干热气候结束。高原隆升至2000~3000 m,即早更新世至中更新世晚期,高原以东地区冬干冷,夏湿热,季风气候逐渐形成,西北、华北地区降水减少,尤其是西北地区,逐渐变干,开始出现沙漠。根据对高原古温度分布的分析,在晚第三纪时,温度分布大体与纬圈平行,只是喜马拉雅山麓地区因高度突出,使纬向分布状况有所变更。那时的南北温度差异较小,仅6℃左右,而现代的温度差可达16~18℃。到中更新世晚期时,与现代温度分布型式已较为接近,原来的纬向分布已转为东南至西北的递减分布,昆仑山一带的低值区已很显著。当时柴达木盆地已初具形状,显示出较周围地区为暖。此外,南北温差已较晚第三纪时大,又比现代为小。随着高原的不断隆升,大地形的动力和热力作用更加显著,使中国东部季风格外强盛,而西北则可能因此更加干旱,沙漠不断扩大。

青藏高原的动力影响对西北干旱气候的形成起了重要作用。西风急流在高原北支的绕流,经蒙新高原后转向东南,在500 hPa形成高压脊,新疆脊是北半球中纬度超长波三波中的一个脊,在整个冬季和过渡季节都十分稳定,对干旱气候的形成显然起了重要作用。700 hPa以下,经北疆的偏西北气流到天山东部以后分成两支,一支继续以西北气流的形式经内蒙古和河西东移;另一支转成东北进入南疆形成反气旋,南疆反气旋一年四季都有。这个反气旋和气流分支造成的低层地形辐散与500 hPa脊叠置,形成了强下沉气流。天气实践证明,北疆移来的冷锋到天山东南部以后都会明显减弱,云和降水天气减弱尤为显著,这显然是与上述地形作用有关。西风气流经甘肃省河西走廊东移时受祁连山侧边界摩擦力的影响,形成东西向的负涡度带,有利于形成下沉气流和干燥气候。气流移出河西走廊到青藏高原东北侧,形成了类似于天山东部的气流分支辐散现象和下沉气流,使那里出现自北向南的少雨干舌。这个干舌从景泰、兰州一直伸向武都、文县,成为高原东侧天气气候上的一个很有意思的现象。

夏季青藏高原是一个热源,为上升运动。叶笃正认为在其外围有一个补偿下沉气流和少雨带。因此高原热力作用可能是西北干旱气候形成原因之一。

综上所述,西北干旱气候区的形成与青藏高原密切相关。然而,这个问题没有完全搞清楚,应该用更好的数值试验进行研究。

大气环流

一般研究大气干旱都与多雨联系起来,这不仅因为干旱和多雨(不旱)都是气候预测的主要内容,而且将二者对比分析,更有助于认识干旱的本质。

中国西北地区

在西北区东部冬季和过渡季节,干旱少雨的环流,其主要特征是大陆东岸大槽偏深,新疆脊偏强,东亚中纬度北风偏强。由于隆冬季节东岸槽最深,新疆脊最强,所以干旱环流"冬性"强。相反,多雨环流东岸大槽偏浅,新疆脊弱,东亚中纬气流比较平直,比较接近夏季,所以多雨环流"夏性"强。夏季降水量多与500 hPa西太平洋副热带高压和100 hPa南亚高压脊线的偏南偏北有比较密切的关系,一般脊线偏北雨多,脊线偏南雨少。但是在 7 月下半月到 8 月上半月,副热带高压和南亚高压平均处于全年最北位置的时期,脊线偏北可造成陕南、关中、陇南、陇东的少雨,形成副高控制下的伏旱。新疆干旱环流的主要特征是上空西风弱,多雨环流,相反,从前一年 11 月到当年 6 月,新疆干旱和多雨的环流有相当强的持续性。

中国东部

干旱是季风反常的结果。中国东部主要雨带的季节性位移是与季风来临有直接关系;在 105~110°E 以东,雨季的开始与东南季风来临有直接关系;在以西,则与西南季风的进退和青藏高原季风有关。有些年份夏季风来得很早或很强,另一些年份则来得很迟或很弱,这两种情况下雨季开始早晚、持续时间长短和雨量大小都会偏离正常情况而发生旱、涝。

在地面天气图上,干旱发生的天气形势是大气活动中心位置和强度出现异常。如夏季大陆低压和太平洋高压是控制中国天气的两个主要系统,几个严重夏旱年(1913 年、1942 年、1959 年和 1960 年)的共同特点是西太平洋高压脊比常年强而且势力偏西,中国大陆上低压也比常年强,东南沿海一带气压梯度大,夏季风强盛并过早地跃进到华北,使江淮流域在它的控制下而出现干旱天气。王绍武指出,7 月份太平洋高压偏西时,长江中游、淮河流域、华北和东北地区降水偏少;反之。偏东时,华西和东南地区少雨;偏南时,华南和长江中、下游降水偏少。大陆低压偏东时,东北、华北和西南地区降水偏少;偏西时,华北和华南降水偏少;偏北时,华北和东北地区少雨;偏南时,东南和河套以北地区少雨。这两个活动中心同时发生异常并都引起某地区少雨时常常发生干旱。

在高空 500 hPa 图上,干旱发生时的环流形势总是明显偏离常年状态。1959 年夏季,中国江淮流域出现持久性少雨天气,7 月份全国大部分地区干旱少雨,尤其是长江流域比常年少 50% 以上,黄河、渭河以南,南岭、武夷山以北广大地区7~9月普遍少雨,鄂、豫、陕、湘北和川东少5~8成。这一年7月500 hPa图上长江流域为副热带高压系统所盘踞,其势力比常年强大而持久。亚洲大陆中纬度上空等高线呈纬圈走向而且特别密集。盛行强西风环流,阻止中、高纬度冷空气侵入到热带地区。130°~140°E常年为高压脊,当年变成低压槽。70°N以北的亚洲地区高空暖高压脊活动频繁,使极地冷涡偏居于西半球而使亚洲冷空气活动减弱。

  这种反常的大气环流在相当长的一段时间里稳定少变,它们常常维持好几天之后才发生一次调整,原来系统暂时被破坏,并在长江流域出现气旋性的系统,但很快又恢复成原来副热带高压控制的形势。1959年7月5日以前,长江流域副热带范围内有一些移动性的槽脊相继东移。5日以后副热带流型就稳定下来。副高虽然有时西进、有时东退,其间还有气旋性系统活动,但气旋性活动很弱,110°~120°E范围内几乎总是被副热带高压所控制。研究表明,环流如此稳定与下列事实有关:130°~140°E的槽和它西边巴尔喀什湖的槽之间距离仅60个经度,比常年的距离缩短了30个经度。槽之间这样的距离常常使这一地区环流少变。

  近年的研究表明,干旱与100 hPa上青藏高原高压位置反常有关。青藏高原高压位置愈向东北伸,中国东部地区干旱愈严重。

人类活动

  频繁而严重的干旱事件和其他气候异常困扰着人们,现已认识到,除了自然界本身影响着气候异常外,人类活动也无意识地从两个方面影响气候,这就是恶化下垫面状况和影响大气的组成。

  工业对作为原料的农产品需求,工业人口的增加,工业对农业生产的多方面支持,都促进了农业的发展;而农业的发展又进一步支持了工业的发展。工农业两者的相互促进,导致了人类对自然生态环境的迅猛需求和冲击。在自然生态系统的平衡里,农业植被是不能代替原有的自然植被的,农业是按照人类的经济目的而进行的,近代的某些农业措施甚至是掠夺性的,在生态系统十分脆弱的干旱、半干旱地区,人们在土地上对粮食、薪炭和畜牧等的超负载的需求,无疑是灾难性地导致了生态环境恶化。下面来分述人类活动引起下垫面环境恶化的若干主要方面。

以中国而论,对下垫面环境恶化的人类活动,是首批森林面积的日益减少。中国森林面积占国土面积的12%,按人均占有面积计,在全世界160多个国家和地区中仅占121位,当今中国是典型的少林国家。不仅如此,据1985年召开的全国第六次林业学会会议称,在1981～1985年的五年里,平均每年净减少森林面积133万 hm^2。这表明我们这个少林国家的森林面积还在继续减少。

森林砍伐将导致土壤蒸发量增加,保水能力下降,年径流量和最大洪水量增大,水土流失和风蚀加剧,地力下降,地表反射率增大,局地降水量减小,这些最终将导致气候干旱和土地的退化。在干旱、半干旱地区上述这些严重后果将更为突出。

滥垦荒地,就是以农业植被来代替自然植被。这本来就不利于自然生态平衡,而在干旱半干旱地区的冬半年,无疑是以裸地代替自然植被,其后果就更为严重了。

森林和植被的减少,必将导致水土流失。中国是世界上水土流失最严重的国家,约有近六分之一的土地遭受着不同程度的土壤侵蚀。中国还是一个多山的国家,山地面积约占国土的三分之二。与平原相比,山地尤其是无植被山地易于被雨水冲刷而导致表土流失,耕层变薄,地力下降。在占二分之一的中国干旱半干旱地区,森林和植被覆盖稀少,水土流失更为突出。据估计中国约有120～150万 km^2 土地遭受不同程度的侵蚀,年流失量50亿t以上。

干旱半干旱地区的土地退化演变为荒漠,已成为世界性的严重生态问题。据报告,全世界每年由于荒漠化而丧失有肥力的土地达 $5\sim 7$ 万 km^2。中国荒漠和荒漠化土地总面积约为 130.6 万 km^2,约站全国总面积的 13.6%,其中荒漠化土地面积达 14.4 万 km^2。

荒漠化的一个重要指标是植被破坏的程度。因此,森林和植被的减少,加之水土流失,必将导致土地荒漠化.而荒漠化的真正原因,是人类对于土地的利用与土地可能的生产力之间长期不相适应,即荒漠化是人类超负载的长期使用土地的必然结果。

沙漠化是人类活动引起下垫面环境恶化最严重一环,沙漠化过程是人类对土地资源采取超负载长期使用的最后过程,它导致生物生产量的极端下降和土地资源可利用性的最终丧失。沙漠还是干旱的极端发展的结果。

沙漠是生态环境恶化的最严重阶段。中国西北历史上的名城,如内蒙古居延,甘肃的寿昌,新疆的楼兰,今日已淹没于茫茫黄沙之中。这提醒我们,如果再不重视这个问题,沙漠化的进程,将有可能使我们今日之重镇成为明日之楼兰、居延。

滥垦滥伐,过樵过牧,长期超负载地向土地索取,都将导致植被减少,最终走上沙漠化,即极端干旱化。

人类活动对下垫面的重要后果是减少了土壤湿度和粗糙度,增加了下垫面的反射率,最终导致局地降水减少和干旱化,以上这些结果无疑将使人们对于破坏下垫面植被的严重后果有进一步的认识。

值得提出,不少数值模拟结果认为,改变从 50 km 到 250 km 不等的带宽的地表反射率,将能有效地激发湿对流,增加降水,回收气态水分,这类结果指明了中国干旱、半干旱地区的植树造林的效益,有指导意义。

中国西北部是严重的干旱地区,但是,沿着天山、祁连山等存在着一串绿洲,绿洲存在的关键在于内陆河水源的供给,系来自较平原成倍增长的高山自然降水(其中冰川和积雪的年补给量,一般不超过山区年径流量的 10%),在这个意义上讲,高山自然降水是绿洲的生命。高山区的水源涵养林又调节了内陆河水源,使之趋于平稳。它对维持并扩大绿洲水源和水源森林,改善生态环境,有着多方面的积极作用。

第八章
干旱短期气候预测技术

干旱预测问题也就是气候预测问题,短期气候预测主要是指月、季、年时间尺度的气候预测,也叫长期预报。短期气候预测对中国国民经济的发展具有重要的影响。江泽民总书记指出:"每年的年景如何,大家都很关注。你们有了预测意见,要及时向各级政府和农业部门通报,以便他们未雨绸缪,有所准备。据说,气候的预测技术还未过关,长期预测报准还很难,中、短期预测把握大一点。要加强科学研究,攻克难关。"

中国是开展短期气候预测(长期预报)业务和科研较早的国家之一,至今开展短期气候预测业务已有40多年的历史。短期气候预测的技术方法随着观测事实的积累丰富、短期气候预测理论和计算机技术的发展而不断发展、改进和提高的。"九五"期间中国建立了新一代动力与统计相结合的短期气候预测业务系统,使中国短期气候预测的技术水平、业务能力和现代化程度都进入了一个新的发展时期。

干旱短期气候预测的发展过程

近四十多年来,中国干旱短期气候预测技术和业务现代化的发展过程大体经历了下面四个发展阶段:

简单的经验统计分析

20 世纪 70 年代以前,主要是历史资料和天气气候分析,包括历史曲线演变、大气环流型分析、天气周期和韵律活动等方法。也从农谚中吸收了不少经验。预报方法基本上是比较简单的天气气候学的统计相关、相似和周期分析。也曾试用美国的平均环流法,但效果不佳,后来停止使用,不过却由此建立了 500 hPa 月平均图序列。通过这个阶段,建立了旱涝长期预报的基本业务,但资料和方法都比较缺乏。这一阶段,从资料计算到预报制作完全是人工操作。资料极少,仅有欧亚范围的 500 hPa 候、旬、月平均高度图和降水、温度、太阳黑子资料等。

数理统计方法的广泛应用

20 世纪 70 年代到 80 年代初期,由于计算机的普及和资料的丰富,各种数理统计方法在短期气候预测中得到了广泛的应用,如周期分析、时间序列分析、回归分析、判别分析、聚类分析、谱分析、气象要素的正交函数展开(谱波分析、经验正交展开、球函数、切贝雪夫多项式等)、随机函数理论及模糊数学方法等。各种统计方法的应用把过去简单的统计方法提高到了比较客观、定量的水平。

这一阶段,资料范围和种类大大扩充,统计方法广泛使用。开始使用计算机,大量资料的计算和预报因子的选择、统计方法的使用都可以在计算机上实现,并建立了短期气候预测资料库和程序库。这是短期气候预测迈出的一大步,但仍基本处于半手工操作状态。该阶段为短期气候预测奠定了扎实的统计基础,人们也认识到因子分析的重要性,并在影响中国夏季旱涝的大气环流特征分析等方面做了大量有益的工作,但是,总起来说,物理因子的分析仍是一个薄弱环节。

物理统计方法的深入发展

20世纪80年代中期以来,随着短期气候预测理论研究的发展和观测事实的不断揭示,物理因子的分析受到极大的重视,对影响大气环流变化和气候异常的物理因子的分析,无论从广度还是深度上都得到很大发展,如海气相互作用、陆地热状况、低频振荡、遥相关型等。这些研究增强了短期气候预测的物理基础和预测能力。在制作预报中,物理因子的选择一直是重点考虑的方面,通过影响因子的分析,建立具有一定物理意义和天气气候概念比较清楚的预报概念模型,一直是预测业务基本的预报思路。20世纪80年代末到90年代初,研究了厄尔尼诺、东亚阻塞高压、西太平洋副高、南方涛动和北太平洋涛动与中国夏季三类雨型的关系后,提出了中国汛期旱涝预报的概念模型。这一阶段使短期气候预测的物理基础大大地加强了,把短期气候预测由以数理统计方法为主发展到物理统计方法为主的阶段,从而使预测能力和水平有了较大提高。

20世纪80年代末以后,气象系统各级业务部门都相继建立了以物理统计方法为主的业务系统,这些业务系统集资料库、因子库、方法库、图形库及资料加工处理、相关集成预报、统计分析预报、专家系统预报、动力模式预报以及预报评分检验等多个子系统于一体,形成了一个完整的客观化、自动化的业务流程,这使短期气候预测向现代化迈进了一大步,基本结束了短期气候预测制作过程的手工和半手工操作局面。

物理统计与动力数值方法相结合的新阶段

目前中国短期气候预测正向物理统计与动力数值方法相结合的新阶段发展。用动力气候模式进行短期气候预测的试验，中国起步不晚。20世纪70年代，巢纪平、丑纪范、汤懋苍等先后研究提出了距平滤波模式、考虑历史演变的动力—统计模式、地温热力学模式等，并在业务预报中进行了试用。20世纪90年代以来，又先后进行了动力延伸预报和季节数值预报的研究和业务试验，月平均环流形势和汛期降水的数值预报已取得了令人鼓舞的结果。但除了个别模式投入业务使用或准业务试验以外，动力气候模式尚未形成一种业务预报方法，基本上处于研究试验阶段。

"九五"期间(1996～2000年)，通过国家重中之重等科技项目"中国短期气候预测系统的研究"的攻关，建立了新一代短期气候预测业务系统。该系统包括4个库(资料库、因子库、方法库、图形库)和7个子系统(每月气候预测、汛期旱涝预测、年度气候预测、专题气候预测、预报综合集成、综合信息调阅、预报质量检验)，同过去相比，系统在形式上和内容上都有了明显改进和提高。其特点具有较强的物理基础；具有科学的客观集成决策方法；具有动力与统计相结合的能力；具有较高的综合水平；具有丰富的国内外信息资源；具有较高的自动化程度；具有较好的预测水平。预测水平总体较以往提高5%，重点地区和关键季节提高10%左右。各级气象部门先后建立了新一代动力与统计相结合的短期气候预测业务系统，使中国短期气候预测业务现代化迈上了一个新的大台阶。

干旱短期气候预测技术

通过"九五"攻关研究，中国干旱短期气候预测技术在以下几个方面取得了新的进展：

实现了动力与统计相结合

"九五"期间，一方面对过去的一些动力气候模式，如 OSU、IAP 等进行了业务预报和集成决策试验，在综合集成决策系统中，初步实现了动力气候模式产品与物理统计模型产品的结合。另一方面重点研制了月、季、年际动力气候模式系列，包括 T63 月动力延伸预报模式、T63 全球海气耦合模式、高分辨区域气候模式和 ENSO 年际预测模式，这些模式经过业务试验都表现出了一定的预报技巧，月动力延伸预报模式已投入准业务运行，其他模式在"十五"期间将进一步业务化，动力气候模式产品将在业务中得到更加广泛的应用。另外，还研究了动力产品的释用技术和方法，为动力产品的业务应用，特别是在区域气象中心和省级气象部门的业务应用提供了条件。

增强了物理基础

全面分析了影响中国气候变化特别是汛期降水的诸多基本因素，包括海温（ENSO 现象）、冰雪覆盖、地温等下垫面热力因素和亚洲季风、热带对流活动、赤道辐合带、越赤道气流、青藏高压、西太平洋副热带高压、中纬度阻塞高压、极涡、遥相关型、准两年振荡（QBO）、三大涛动等大气活动中心和大气环流系统，以及太阳活动、天文因素、地球物理因素等，这些因素涵盖面相当广泛，不仅包含了地球系统海洋圈、冰雪圈、大气圈、岩石圈等，也有地球系统之外的太阳活动等。在分析的基础上，建立了适合全国或区域的各种物理统计预测概念模型，这使短期气候预测的物理基础明显地增强了。

在上述分析的基础上，国家气候中心还重点研究了影响中国夏季旱涝的东、西、南、北、中五个方面的主要因素，即：

- 东面的海洋，反映太平洋海温异常，包括厄尔尼诺和拉尼娜现象等；

- 西面的青藏高原,反映高原积雪和位势高度异常;
- 南面的季风,反映南半球和热带大气环流以及赤道辐合带的异常,即暖湿气流活动异常;
- 北面的阻塞高压,反映中高纬度大气环流的异常,即冷空气活动异常;
- 中间的西太平洋副热带高压,反映副热带大气环流的异常,它决定北方冷空气和南方暖湿气流交汇的区域,即中国夏季主要雨带的位置。

这五大因素中,东、西两环反映了海洋和陆地下垫面的热力异常,它通过激发东亚大气环流异常进而影响中国夏季旱涝;南、北、中三环则反映了东亚大气环流的异常,它是影响中国夏季旱涝的直接因素。在研究了这五大因素对中国夏季旱涝的影响及其他们之间的相互关系和其前兆信号之后,提出了以这五大因素为基础的中国夏季旱涝物理统计综合预测模型,该模型为中国夏季旱涝提出了一条新的思路和方法,具有较强的物理基础和较好的预测能力。

提高了综合决策能力

短期气候预测的综合集成决策一直是短期气候预测的技术难点,"九五"期间,分别研究了短期气候预测的物理决策、动力决策和数学决策技术,使短期气候预测由经验的主观决策向科学的客观决策过渡,提高了短期气候预测综合集成决策的客观化、科学化水平。

首先,为了提高中国汛期旱涝预测的物理决策能力,一直沿着下述的分析思路逐步深化:第一步分析影响中国汛期旱涝的10多个基本因素;第二步在前一步的基础上研究影响中国汛期旱涝的五大主要因素及其相互关系;第三步在前两步的基础上探讨影响中国汛期降水的主导因素。最后建立了基于主要影响因素的中国夏季降水物理统计综合决策模型,并进一步研究了诸多影响因素中主导因素的重要作用,这将是提高物理决策能力的关键。

其次,把动力综合决策的技术首次应用于业务预报,在统计分析冬季赤道东太平洋海温、西风漂流区海温、青藏高原积雪与中国夏季旱涝关系的基础上,用动力诊断技术研究了各因子的单独贡献和多因子的联合贡献,建立了基于三因子的动力统计综合决策模型。

再其次,结合短期气候预测的特点,建立了具有一定数学基础的权重集成和正权决策两种短期气候预测的数学统计综合决策模型,为短期气候预测综合集成决策提供了一种科学的客观新方法,使短期气候预测逐步由主观决策向客观决策过渡。

增强了业务预测能力

基于物理因子的分析、动力数值预报产品的应用以及科学的集成决策方法,使系统的物理性、客观性和综合能力、预测能力明显增强,从而提高了系统的预测水平。1998～2000年的预报表明,月、季(汛期)、年各种时间尺度的短期气候预测效果比"九五"前明显提高,国家气候中心的业务预报准确率提高了4%,特别是1998年长江全流域性严重洪涝和嫩江—松花江流域超历史记录的严重洪涝,以及2000年黄淮地区的多雨洪涝和北方的少雨干旱,各级气象部门密切配合,预报趋势基本正确,取得了良好的服务效果和显著的社会、经济效益。"十五"期间,将对系统中的各种物理统计方法进行检验、优化,精练出物理基础较强、预测能力较好的模型,这对提高预报效果会有更好的作用。

提高了客观化、可视化、自动化的现代水平

紧密结合短期气候预测资料量巨大等特点,采用现代计算机网络技术,本着可见即可得和减少预报员操作以便有更多时间进行预测综合分析的设计思路,建立了C/S结构形式的新一代短期气候预测业务系统框架,设置业务服务平台,所有的资料处理、预测模式、模型运行、科学计算和图形处理等任务全部放在服务器端定时自动运

行或通过客户端指令动态执行,全面提高了系统的自动化水平。在设计系统时采用了先进的图形绘图和服务器端图形转换处理软件,把所有的预测结果和资料检索结果进行可视化处理,预报员可通过客户端浏览器浏览全部产品和发送相关命令得到指定结果,简化了操作过程。另外,在新系统中预报员可以方便快速地通过计算机绘制综合预报图。

西北地区干旱监测预测服务综合业务系统

兰州中心气象台开展短期气候预测业务已有几十年的历史,在"九五"期间建立了一个具有较好物理基础、对西北干旱具有较强监测和服务能力的综合业务系统,并能及时就干旱灾害对区域内农业生产和水资源影响提供科学的业务评估和对策服务,为本区域内决策部门和社会用户提供优质服务。

系统特点

物理基础扎实 本系统是以西北地区干旱预测研究成果为基础,预测模型和方法经过认真检验,预测强信号经过比较和检验提炼出来的,所以系统具有扎实可靠的理论基础。

服务范围广 该系统的资料库、监测、预测和服务都把西北五省区(陕、甘、宁、青、新)作为对象,收集加工西北全区域的资料,进行干旱监测和短期气候预测,并提供服务。另外,为了增强针对性,突出重点,对以灌溉农业为主的地区制作了内陆河和黄河上游流量监测预测服务子系统,对以雨养农业为主的地区制作了春末夏初旱和伏旱监测服务子系统。

实用性强 本系统与MICAPS系统相连接,实现了实时资料收集、加工和处理的自动化。系统面向气候分析预测服务人员,集气候资料采集加工、短期气候预测、气候诊断分析和气候评价于一体,为气候服务提供了有力的技术支撑。

开放性好 该系统向上与国家级系统相连,随时接收上级下发的各种信息产品;向下与西北省(区)级系统相连并延伸至地区级气候服务系统,发送各种信息及指导产品;与周边省(区)的气候系统也留有接口,可以进行信息交换;与服务单位相连可以及时提供各种服务产品。

系统结构

该系统包括四个子系统:即资料库、干旱监测、干旱预测、产品服务。其结构如图8.1所示。本书主要介绍干旱监测和预测两个子系统。

干旱监测子系统

环流监测 用北半球100 hPa高度场和距平场,主要监测南亚高压强度和位置、极涡强弱和位置。用北半球500 hPa高度场和距平场,主要监测欧亚地区的干旱环流形势,包括新疆脊的强弱、东亚大槽的深浅、西太平洋副热带高压的位置和强度、青藏高原地区高度场的变化以及极涡强度和位置等。

海温监测 对每月北太平洋和赤道太平洋海表温度及距平资料进行分析,主要监测厄尔尼诺事件和拉尼娜事件的发生发展。

干旱监测预警 对西北区和甘肃省的月降水量分别进行分析,给出Z指数划分的旱涝等级。利用逐日降水和气温实时资料,对甘肃省干旱(包括暴雨、连阴雨、高温、低温等)灾害进行监测和预警。

黄河上游和内陆河流量监测 主要对黄河上游流量和从祁连山、昆仑山和天山发源的内陆河流量进行监测,给出逐月流量资料和历史演变曲线。主要内陆河有:河西走廊的石羊河、黑河、疏勒河、新疆的塔里木河和伊犁河。

该子系统可通过MICAPS系统对实时资料定时收取、加工处理和分析显示,对干旱环流、干旱预测信号及干旱实况能够实时动态监测。对甘肃的干旱进行滚动监测,给出灾害性严重程度和全省的分布图,并随时发出预警信息。对春旱、春末夏初干旱和伏旱可以给出分布图和变化情况表,对各种监测资料和图形可以存成文件或打印输出。

历史旱涝分析显示。该子系统可通过 Micaps 系统对 1951 年以来北半球的大气环流、北太平洋和赤道太平洋海表状况,以及全国、西北区及甘肃省的降水、气温、旱涝进行诊断分析,将结果以资料或图形方式给以显示。

干旱预测子系统

西北地区干旱气候预测背景

- 西北地区干旱气候分区:通过 EOF、REOF 和聚类分析等方法对西北地区降水和气温进行分析,得出比较客观合理的干旱气候分区,并给出了不同区域的气候变化趋势;
- 全球变暖趋势下西北地区气候变化的主要特征:主要有西北地区增暖与全球增暖的一致性,西北地区不同气候区气候变化的多样性,西北地区东部降水减少,连旱、重旱频繁增加,西北地区西部降水量无减少趋势,南疆降水量增多;
- 干旱气候演变规律:给出了西北干旱气候年际变化、年代际变化、近百年变化三种时间尺度的演变规律,以及它们之间的相互影响;
- 西北区夏季降水类型与中国东部三条雨带的关系:将西北地区汛期降水预测与国家气候中心的雨带预测紧密联系起来,是制作汛期预测的主要依据之一;
- 天文因素:给出了太阳黑子活动、月赤纬变化等天文因素与西北地区干旱的关系,以及与厄尔尼诺的关系,是制作超长期预测的依据;
- 干旱概念模型:给出了西北地区发生干旱时,"东、西、南、北、中"几个方位的影响因素及其变化情况。

西北地区干旱气候预测强信号
- 青藏高原下垫面热状况:给出了青藏高原感热、积雪、季风以及地面温度与西北地区降水的相关关系,指出青藏高原下垫面热状况是影响西北地区干旱的重要因素;
- ENSO事件:给出了海温异常、环流异常和西北降水异常之间的可能机理,厄尔尼诺事件与西北地区东部干旱相关的稳定性,不同区域不同月份干旱的若干预测判据和强信号,印度洋、大西洋海温对西北地区旱涝的影响等;
- 台风:给出了西北太平洋台风出现次数与西北区降水的关系,指出西北太平洋台风出现的多少可预测西北区东部的旱涝趋势;
- 大气环流:给出了西太平洋副热带高压、东亚槽、新疆脊、极涡、东亚季风等与西北地区干旱的关系,指出大气环流的变化是造成西北地区干旱的直接因素;
- 降水准三年周期:西北地区年降水量存在着准三年周期,而准三年周期的振幅随时间也呈周期变化,利用三年周期所处的不同相位,可以预测西北地区的干旱。

预测内容 系统中将各种参数设置成按钮选择形式,并将选择的参数在状态条中给予提示,程序驱动包括菜单、工具条和按钮三种形式,程序运行中出现的各种问题会以信息框的形式给出,在线帮助可以指导你完成各种操作。预测结果可以随时查看和输出。系统结构清晰,界面友好,操作简便。
- 月、季、年气候预测

预测范围分区域和单站两种情况,区域预测分西北区和甘肃区,同时给出30个代表站的预测结果;单站预测制作出某一个站的预测。预测时段可分为月预测,指一年12个月逐月的预测;季度预测,指春、夏、秋、冬四个季节的预测;年度预测,指整个一年的趋势预测。预测内容有降水量及距平、旱涝等级、气温及距平预测。每一次预测还给出预测和实况的历史检验结果,分别是预报值和实况值之间的均方误差、复相关系数和趋势一致率。预测方法分场和单站两类方法,场方法有典型相关法(CCA)、多元回归 EOF 模型和均生函数模型,单站方法有自回归、多元回归和均生函数法等。预测集成分区域和单站两种结果,集成方法主要是权重集成法。

- 汛期干旱预测

  预测的范围、内容、方法和集成与上面基本相同,预测时段主要指 5~9 月,重点是 6~8 月的降水预测。使用的方法还有西北地区汛期干旱预测概念模型等。

- 春末夏初和伏期干旱预测

  春末夏初旱预测系统给出了春末夏初旱的定义、划分标准、历史概况、大气环流特征、预测概念模型以及有关研究文献。伏旱预测系统与春末夏初旱预测系统基本相似。

- 黄河上游及内陆河流量预测

  系统给予了黄河上游及内陆河的地理、气候、流量等概况,以及历史上的丰枯情况和相关的研究文献。预测方法有均生函数法、最优子集神经网络和卡尔曼滤波法,最后给出预测集成结论。

- 动力模式产品释用

  系统给出了 T63 月动力延伸预报产品的检验和评估结果,以及模式产品的误差订正等。主要预测西北地区月降水和气温,预测方法有 PPM 方法、CCA 方法和动力学方法,系统最后给出了预测结果、预报方程和方程的复相关系数等内容。该系统以边研究边应用为原则,在兰州中心气象台近四年的短期气候预测业务中发挥了重要作用,为决策部门和社会用户提供优质服务,取得了显著的社会经济效益。1999 年制作了整个西北地区汛期预报,并以幻灯片的形式在全国汛期预报会上进行介绍,使预报结论和依据更加清晰,预报与实况对照,预报准确率 P_s 达81%,服务效果良好。

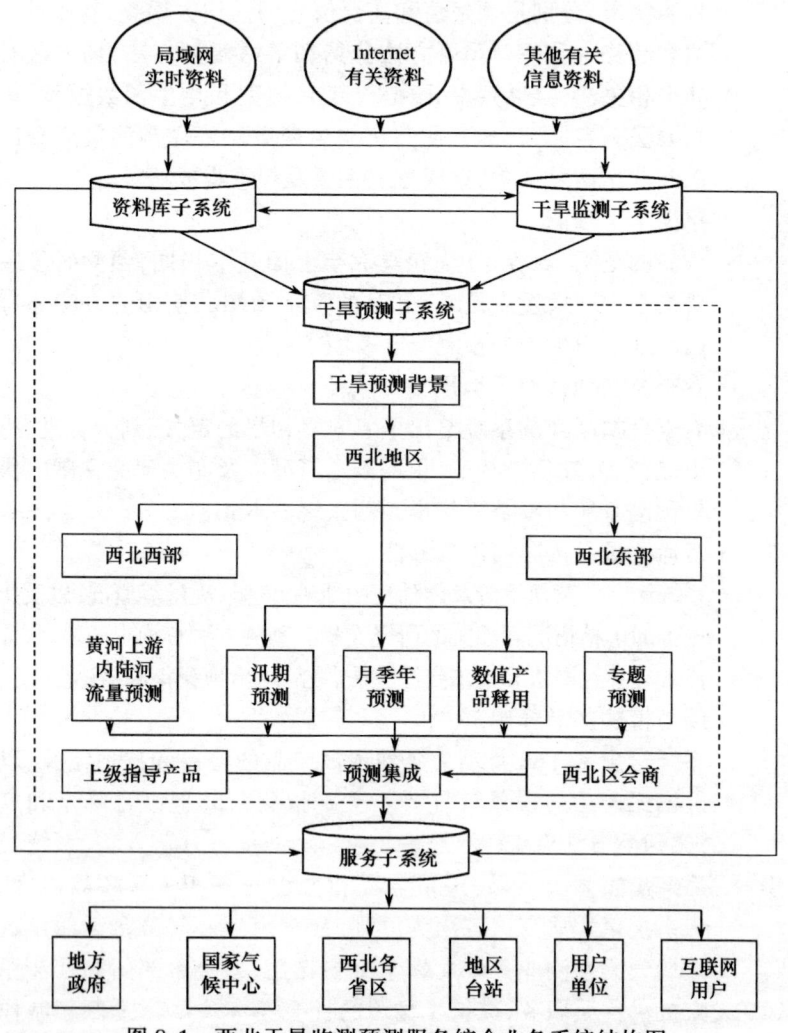

图 8.1 西北干旱监测预测服务综合业务系统结构图

西北干旱监测预测服务综合业务系统是西北干旱气候研究历史上第一个现代化业务系统，它科学地总结归纳了西北广大气候工作者自建国以来尤其是"九五"期间对干旱气候的研究成果，它的建成将大大促进西北地区气候业务和科研的发展，为21世纪新一代气候业务体系建设奠定了基础，为西部大开发和西北经济持续发展的气象服务提供了有力的技术保障。

第九章

干旱短期气候预测展望

干旱预测几个问题

统计学方法的基本假设

目前国内外短期气候预测仍以统计学方法为主。定量化统计预测模型是在大量历史资料对气候系统内部或与其他变量之间关系的变化规律基础上建立的。定性预测及以经验为主的预测结果,从本质上讲也是在预测对象的历史资料与其他变量统计关系基础上得到。具体地讲就是以气候系统的过去和现在信息为基础对未来的变化状况作出估计。

用统计学方法做气候预测隐含着一个基本假设:气候系统的未来状况类似于过去和现在。模型结构在预测期间保持不变;气候系统变化及与各变量间的相关关系在预测期间不变。也就是说,气候统计预测是假设未来预测对象与预测因子仍维持在过去和现在的状态前提下外推出来的。一旦预测期间的气候状况发生改变就破坏了这种基本假设,就有可能导致预测失败。因此,在使用统计学方法做长期气候预测时应清楚这一基本假设,充分分析未来气候系统发生突变的可能性。在做某些物理因素与预报量的统计分析时应尽量使用最邻近预测时刻的资料。因为使用的资料时段不同,样本量大小不同得到的结论有时也会不同。例如,1月西太平洋副热带高压面积强度与6~8月长江中下游降水量之间的相关。使用30年样本时,1986年以前两者为负相关,1986年以后转为正相关,且逐步加强。而使用40年样本则在1994年以后才转为正相关。

动力学与统计学相融合

动力学方法充分考虑了气候系统的物理过程,构成短期气候预测的主流方向,但是动力学方法对大量历史信息利用不足。统计学方法的优势在于充分利用了历史资料,但没有考虑气候变化的物理过程。因此,动力学与统计学方法相结合应成为短期气候预测的重要途径。

MOS预报是动力学与统计学方法相结合最早的尝试。目前Kalman滤波多用在短期天气预报上,在短期气候预测中使用仍处在研究阶段,还很少用在业务预测中。曹鸿兴等人根据大气自记忆原理设计了一个区域气候预测模式。这个模式有以下特点:其一,一般区域气候预测模式采取全球模式嵌套一个区域细网格模式,或用全球模式作出预测再下插到小范围。而自记忆模式是直接从热力-动力学方程出发得出的一个区域气候预测模式;其二,该模式运用了多时次起报场,充分利用了气候场的历史信息;其三,在求解自记忆方程中的记忆系数时,利用了大量的历史观测资料。可见,这一模式将动力学与统计学的优势有机地融合在一起。魏凤英等人使用该模式做了近10年的全国汛期降水预测试验。尽管预报效果不十分稳定,但毕竟是动力学与统计学相结合的一种新尝试、新思路。动力学与统计学相结合的预测技术开发和试验,应作为提高短期气候预测质量的一个重要方面加以重视。

集成预报

目前集成预报还处于不成熟时期。确定其权重系数仍是一个尚未解决的难题。我们看到,在短期气候预测研究中,数值模式产品与统计预测的集成是一种新趋势。例如,Colman等人使用多元回归、判别分析和GCM模式做跨月的1998年春季巴西的降水集成预报取得了较好的预报效果。再例如,Ulnger等人运用海气耦合模式、相似和典型相关3种方法做Nino-3区和4区的海温预报,结果比3者平均要好。中国这方面的研究并不多见。

干旱气候预测理论及方法

干旱气候预测理论探讨

气候变化主要由自然因子和人类活动控制,气候变化率也可以分离成自然变率和人为变率。大约在工业革命前气候变化主要受自然因素影响,因此应以自然变率为主。然而,在当代人类活动在气候变化中已显得越来越重要,因此,应同时考虑自然变率和人为变率。

气候自然变化的因素可以分成两类:一类是气候系统的外部因子对气候系统的强迫,主要指天文因子和地核(如火山爆发)。另一类是气候系统各个成员的非线性相互作用,包括海-气、陆-气、冰-气等相互作用。外部因子是气候变化的驱动力,内部各成员的相互作用是系统内部自调过程,也是对外部因子驱动的气候变化的扩缩因素。

火山爆发是地核能量释放的结果,它是突发性的,在气候变化中很难预测,但预测已爆发火山对未来气候变化的影响是基本可以做到的。天文强迫因子包括地球公转半径变化、太阳黑子活动(如11年准周期的太阳黑子活动高峰)、地球自转变化等,它们引起的气候变化是有一定规律的,可以大致看成不同时间周期的波动。如果能对其规律把握得较好,它引起的气候变化是基本上可以预测的。气候系统内部各成员之间的相互作用是非常复杂的,是非线性的,包含物理、化学和生物等一系列过程。它对气候变化的贡献只有通过复杂的与陆面过程耦合的大气数值模式来预测。

人类活动是气候变化的新驱动力。与气候变化有关的人类活动有工业排放对大气成分(主要为CO_2和O_3)的改变,森林砍伐和城市化对地貌特征的改变,过度开垦和放牧使草地退化和沙漠面积扩大。这些因素都会引起区域甚至全球性气候变化。人类活动对气候的影响是通过气候系统内部各成员对其影响的响应而实现的。

人类活动引起的气候变化是很难预测的。它受社会生产、经济活动,甚至政治生活的控制,人们只能根据未来的人口增长规模、工农业生产方式、经济发展速度、科学技术发展水平等大体估计这些因子的变化程度以及由此引起的气候变化,很显然它是一个非客观因子,不确定性很强。但它并不完全受人的意志左右,社会发展本身也有其客观规律。例如,从工业化开始,CO_2排放急剧增加,但随着社会的进一步发展和信息与生物工程技术的进步,CO_2排放必然将会得到有效控制,这就是社会规律。

天文因子主要影响10年以上时间尺度的气候变化,它的变率一般在短期内很小,在10年以内的气候变化中是可以忽略不计的。火山活动影响的气候变化时间尺度不会太长,在几年以内考虑这种变化。气候系统内各成员之间的相互作用影响气候变化的时间尺度相对更短,大约在年或年际尺度的范围内。人类活动影响气候变化的时间尺度较广,可以是几年,也可以是几十年甚至几百年,它的累计效应对气候可能会有深刻影响。

天文因子对气候的影响在全球具有普遍的规律,它在西北区域气候系统也是适用的。火山活动很少直接影响西北区域气候系统,但可以通过全球变化来带动。西北区域气候系统的内部成员主要有沙漠(或戈壁)、绿洲、草地、雪山和冰川、青藏高原、湖泊、河流及其区域大气。它们的演变及其相互作用具有很强的区域特性,对西北气候变化有明显影响。人类活动对西北气候有间接影响也有直接影响,人类排放的 CO_2 通过影响全球气候变化来间接带动西北区域气候变化,而植被改变和沙漠化既直接影响西北气候又参与全球变化。同时,西北干旱气候系统是整个地球气候系统的一个组成部分,它不仅受全球气候变化的影响,而且也反馈并参与全球气候变化。西北地区还有一个特殊的影响因子即大规模移民和灌溉工程,这不仅会引起局地小气候变化,也会影响西北区域气候变化。

干旱气候预测方法探讨

气候变化是受诸多因素影响的,这些因素的影响过程是交错而复杂的,所以目前还没有任何一种气候预测方法包含了气候变化的所有影响因子。以前往往根据不同影响因子的作用方式和影响气候变化的时间尺度而建立具有不同功能和不同目标的气候预测方法。

由于引起气候系统变化的气候系统内部各成员的变化及其相互作用过程包括了非常复杂的物理、化学和生物过程,人们很难用较简单的数学关系把它们表示出来。目前最好的办法是用大量物理控制方程和参数化公式构成的方程组来描述。但该闭合方程组不能直接求解析解,只能进行数值求解。因此,就出现了主要以预测气候系统内部各成员的相互作用及其引起的气候变化为目的的气候预测数值模式。如果我们在该模式中仅考虑西北干旱气候系统内各成员的演变及其相互作用就可以建立起西北干旱气候预测数值模式。因为计算条件和探测技术的限制,用数值模式来预测气候变化只是近二十年左右的事。目前气候预测数值模式已不少,特别是全球气候预测数值模式(GCM)已较为成熟。但相对完善的西北干旱气候预测数值模式并没有建立起来。这应该是今后研究西北干旱气候的一个主要任务之一。

气候预测数值模式主要适用于对短期气候变化的预测。其主要原因有三个方面：一是，一般并未考虑天文因子等时间尺度较长的气候变化因素；二是，如果时间太长，数值模式的计算误差会不断放大，以致使"噪声"掩盖了真实的信息；三是，目前的数值模式描述的是线性动力学和热力学，只能反映一个平稳变化过程，对以非线性过程为主的状态突变无法反映出来。

在西北干旱气候系统的各成员中，高山积雪、绿洲、高原、草地、湖泊等都是在不断演变的子系统，它们的变化会引起各成员之间的响应，从而对气候产生影响。早期的研究表明：雪盖的融化通过改变土壤水分含量而影响区域气候变化可持续几个月；高山积雪对西北干旱气候变化也有明显影响。西北地区的高山雪盖和冰川还是内陆河流域最主要的水源，它的变化对该地区绿洲子系统的影响也不言而喻。同时，西北干旱区绿洲和其他生态系统是非常脆弱的，它们与区域气候系统其他成员之间的相互反馈是相当迅速的。国际上已有研究表明，合理的植被分布可以缓解更大范围的旱情。国内的研究也指出：植被与裸土之间的非均匀性可激发出更强的上升气流。大规模湖泊水位下降或面积缩小也能影响西北干旱气候变化，湖泊萎缩预示着区域气候趋向干旱。另外，已有研究证实青藏高原正在缓慢增长。这种增长对西北干旱气候的影响也值得我们注意。

火山活动可以在气候预测数值模式中被考虑，所以往往也用加入了火山灰强迫的气候预测模式来预测火山活动的气候效应。但由于火山活动对西北干旱气候的影响是间接带动，因此需要全球气候数值模式与西北干旱气候数值模式的耦合来实现其对西北干旱气候变化的预测。

气候变化中的天文因子是不可能用严格的数学控制方程来描述

的。但相比较而言,可以较容易找出它们与气候变化之间的较简单的理论关系式。因此,已以这些理论关系式为基础建立起了一些气候预测理论模型。这种方法在理论上是不够十分严谨的,但由于其目标是预测百年或千年甚至更长时间尺度的气候变化,所以并不会太影响它的使用。这种气候预测方法已有非常悠久的历史。但对该方法较系统的研究不过几十年。由于这一方法关系简单且一般不包括气候系统内各成员相互作用。所以反映不出气候变化的细微过程,但它对预测长时间尺度气候变化是有一定功效的。

气候变化中的人为因素有很大的不确定,但可以通过对社会规律的把握来推测。这种气候预测方法可称为推测法。因为人类活动对气候的影响是通过气候系统内各成员对其响应来实现,所以将推测法与数值模式相结合来预测是十分必要的。这种方法对长期气候预测的准确性要大打折扣。但对已发生的或列入规划的人类活动所引起的目前和未来短期气候变化的预测可能是比较适用的。

尽管对 CO_2 增加引起的全球增温强度目前还有很大争议,硫酸盐气溶胶的冷却效应对温室效应的削弱也不可忽视(有时甚至抵消温室效应的作用),但对大气中 CO_2 的增加会引起全球增温这一点已基本取得共识。这种全球变化会使西北干旱气候变干还是变湿并没有定论。

由于人类活动和气候变化双重作用,西北地区沙漠化面积在不断扩大,这一地表特征变化与西北干旱气候之间会形成强烈的反馈机制。初步估计,沙漠化会使西北气候更加干旱。但沙漠化面积与西北区域气候变化的定量关系我们并不知道。另外,预测大规模移民和灌溉工程对局地小气候和西北区域气候的影响对该地区长远规划也是十分重要的,疏勒河移民(内陆河流域移民)和秦王川移民(提灌区移民)可以作为两个典型特例来重点研究。

干旱短期气候预测的展望

中国短期气候预测几十年来虽然取得了长足进步,特别是"九五"期间有了很大发展。但到目前为止,短期气候预测仍是世界性的难题,在技术上还没有突破,月和年际气候预测技术相对比较薄弱。短期气候预测准确率的理论上限大致为 80%～85%,目前世界和中国的短期气候预测水平仅在 60% 左右摆动,预测水平不高,预测效果不稳定,还存在着很大的不确定性,远不能适应社会经济发展的需要。任重而道远,要走的路还很长,要做的工作还很多。未来中国干旱短期气候预测基本的技术路线是坚持动力与统计相结合,经过若干年后,将逐渐由以物理统计方法为主的阶段过渡到以动力数值方法为主的阶段。

加强动力数值预报方法的研究

除了继续改进月动力延伸预报外,首先应加强季节(汛期)数值预报模式的研究、改进和提高,汛期气候预测一直是中国短期气候预测的重点,但汛期的动力模式预测却是一个薄弱环节。其次,要加强动力气候模式产品业务应用技术的研究,包括模式预测性能的检验和产品释用方法,提高动力模式产品的业务应用能力。

改进提高物理统计预测方法

月和年际时间尺度的短期气候预测技术是一个薄弱环节,需要研究的问题很多。我国汛期降水物理统计预测技术,尽管一直是我们研究的重点,并通过多年研究已经取得了明显的进展,但仍然存在着薄弱环节和技术难点,至少在下面几方面还应着重加强研究。

主导因素 在全面研究影响中国气候变化特别是汛期旱涝的各

种物理因素的基础上,应重点加强主导因素的研究。

由于影响因素的多样性,相互关系的复杂性,信号强弱的差异性,每年各种因素及其前兆信号的反映不可能完全一样,主导因素也不可能相同,这就给预测带来了很大的不确定性,技术难度相当大。分析长江流域15个多雨洪涝年的成因后发现,如果按照少数服从多数的投票表决原则,只有53%的年份能够预报出来,还有47%的年份预报因子相互矛盾,难以决策,这后一种情况往往是少数因子起了作用,甚至是个别因子起了主导作用。1954年和1999年长江流域的严重洪涝,基本上都是东亚阻塞高压的长期维持,起了主导作用。这表明研究主导因素对提高短期气候预测的物理决策能力至关重要。今后在继续研究各种影响因素及其相互关系的同时,必须着力加强主导因素的研究。

环流异常 在广泛研究大气环流异常与中国汛期降水关系的基础上,应重点加强中纬度环流异常的研究。

统计分析1951年以来长江流域15个汛期多雨洪涝年的成因表明,80%以上都与夏季东亚阻塞高压的持续发展有关,特别是几个严重的多雨洪涝年,无一例外,夏季东亚中纬度地区都出现了阻塞高压。不难看出,长江流域汛期降水预测的成败与东亚阻塞高压密切相关,东亚阻塞高压可能是影响长江流域夏季旱涝的主导因素之一。很显然,东亚阻塞高压是汛期旱涝预报的一个重点,但它又是预测技术上的一个难点,过去研究工作的一个弱点。所以,要增强中国汛期降水的预测能力和提高长江流域汛期旱涝的预测水平,首先要研究东亚阻塞高压的形成机理;其次要研究东亚阻塞高压与其他影响中国汛期降水因素之间的相互关系,最后要研究东亚阻塞高压形成的前兆信号以及预测技术和方法。

时间效应 在深入研究海洋等下垫面热力因素与中国汛期降水关系的同时,应重点加强大气对海洋滞后时间效应的研究。

海洋影响大气与大气的基本态密切相关,不同的基本态,对海洋适应、调整的过程可能不同,响应的时间也可能有差异。一般情况下,大气对海洋的响应具有滞后效应,但每次滞后响应的时间几乎都不相同。1998年夏季,尽管厄尔尼诺事件已于当年春季结束,但由于它的滞后作用,对当年夏季长江流域的多雨洪涝仍然起了重要作用。1998年秋天发生了拉尼娜事件,但当年冬季西太平洋副热带高压仍然偏强,东亚冬季风很弱,这表明大气还没有完全响应拉尼娜事件,仍然维持着厄尔尼诺模态,因此出现了本世纪以来最暖的一个冬天。这说明一次厄尔尼诺或拉尼娜事件发生以后,它的影响何时表现出来? 同样,一次厄尔尼诺或拉尼娜事件结束以后,它的影响何时消逝? 这对短期气候预测来说非常重要。显然,要预测大气环流对某一次厄尔尼诺、拉尼娜过程滞后响应的时间,仅仅根据一般的统计规律是很难的,所以必须用物理统计或动力诊断技术研究大气环流对不同的厄尔尼诺、拉尼娜过程滞后响应的时间特征。

变化周期 在系统研究中国气候变化各种周期性的同时,应重点加强年代际气候背景与年际气候异常关系的研究。

众所周知,70年代末是一次明显的气候突变期。70年代末以前,处在北方多雨、南方少雨的阶段;70年代末以来,转为北方少雨、南方多雨的时期。现在仍处在后一个气候阶段。1998年各种影响因子均反映夏季长江流域多雨,与年代际背景相一致,预报取得成功;但1999年各种影响因子多反映中国夏季主要雨带偏北、长江少雨,与年代际背景不一致,预报失败了;2000年各种影响因子也同样反映中国夏季主要雨带偏北、长江少雨,也与年代际背景不一致,预报又成功了。1999年和2000年不仅处在长江多雨的相同的年代际背景上,而且都遇上了拉尼娜事件的异常年际信号,但中国夏季主要雨带的位置却截然相反。这就提出一个非常重要的问题,即当年代际气候背景与年际异常信号不一致时如何推断,如何决策? 如果以年代际信号为主要依据,1999年预测成功,但2000年预测失败;如果以年际信号为主要依据,1999年预测失败,2000年预测成功。所以，还必须深入研究年代际和年际变化之间的关系，分析什么情况下年代际信号起主要作用，又在什么情况下年际信号起主要作用，得出一个科学、客观的判据。

总之，上述几点都是我们必须加强研究的重点，其中主导因素和中纬度环流异常的研究将可能是我们必须要啃的两个硬骨头。今后应当紧紧围绕提高短期气候预测能力和水平这个中心，沿着一条正确的技术路线和分析思路，力求从广度和深度上不断发展、逐步提高。在研究过程中，首先要力求物理图像清晰，其次要保证统计相关的显著性，再次要加强有预测意义的前兆信号的研究，最后在深入分析的基础上逐步形成客观、定量的预测模型或方法。

第十章
干旱与水资源

中国干旱和半干旱地区主要分布在西北地区，因此干旱对水资源的影响主要讨论西北地区。西北地区水资源主要是黄河和西北内陆河的河川径流、高山湖泊、冰川积雪以及地下水。黄河流经青、甘、宁、蒙和陕西，内陆河主要有河西的疏勒河、黑河、石羊河和南疆的塔里木河，长江上游一些支流分布在青、甘、陕的南端，有少数河流流出境外。湖泊多分布在封闭半封闭的内陆盆地中，以咸水湖和盐湖为主，也有少量的淡水湖。全区多年平均水资源总量为 2344 亿 m^3，仅占全国的 8%，单位面积产水量为 6.23 万 $m^3 \cdot km^{-2}$，仅为全国平均水平的 21%。水资源随气候变化而变化，据中国气象学家预测，如果气温上升 2℃ 并持续十到二十年，中国将有 40%～50% 的永冻土消融。这意味着作为万河之源的西部高原冰雪大量融化，许多以冰川为水源的河流将面临枯竭。首当其冲的是塔里木河等内陆河。对于已经严重荒漠化的西北地区，绿洲将全部消失,大西北将变为寸草不生的弃地。

近年来,由于西北地区气候变暖,西北地区水资源的变化,与干旱气候变化息息相关。

黄 河

黄河发源于青海省巴颜喀拉山西段北麓,河源区为湖泊沼泽地。流经青海、四川、甘肃、宁夏、内蒙古、山西、陕西、河南、山东等9个省、区,在山东省垦利县注入渤海。全河多年平均天然年径流量580亿 m^3,居中国七大江河的第四位。

黄河上游地处中纬度的内陆高原,属典型的大陆性气候。河源区年平均降水量300 mm左右,年平均气温 $-3\sim-4$ ℃。主要产流区吉迈到玛曲年平均降水量为 $500\sim600$ mm,年平均气温在 $2\sim3$ ℃,区间内有降水丰沛且终年积雪的阿尼玛卿雪山,其春夏融雪对径流量有一定的补充。

黄河上游出山口唐乃亥水文站径流量的月际变化呈双峰型:1~3月流量较小,4月开始流量明显上升,到7月达到峰值,8月流量略有下降,9月流量比8月又有所回升,达到次峰值,10月流量开始迅速下降,到了12月下降到相当于3月的流量大小。5~10月集中了全年径流量的79%,这与流域内同期降水量的月际变化相一致。汛期流量与降水的相关系数最大为0.67,这与东亚大气环流密切相关。每年9~10月黄河上游地区都有一个较明显的多雨时段。

黄河上游年流量丰枯的长期变化特征和西北地区旱涝的长期演变特征无论是在枯丰(旱涝)频率、时段、周期等方面都有很好的一致性。说明气候变化对黄河上游径流量影响非常大。数值模拟结果表明,径流量随降水的增加而增大,随气温的升高而减小,且降水变化对径流量影响比气温变化的影响显著。

20世纪90年代以来,黄河流域各区来水量明显偏少,各代表站平均年径流量与其多年均值比较,兰州站偏少24%,华县站偏少34%,黑石关站偏少55%。从1990～2002年的13年中,黄河出山口流量除1999、1993年外,其余11年均为少水年。其中汛期(5～10月)的枯水年占了38.5%,而1736～1998年期间,枯水年只占6.5%。研究表明,黄河流域90年代以来气温明显升高,降水量(尤其是秋季降水量)显著减少是造成径流量大幅度减少的直接原因。

20世纪90年代以来,黄河流域干旱化趋势明显加强,降水量显著减少。整个流域内除泾洛渭区间和黄河下游河段降雨量基本与多年均值持平外,其余各区降雨量均偏少,其中,黄河上游兰州以上降雨量比多年均值偏少12%左右,三花区间偏少约15%。兰州以上区域降水量仅偏少5%,而兰州站径流量偏少达24%,泾洛渭区间降雨量接近多年均值,但华县径流量偏少34%,三花区间降雨量偏少11%,而黑石关站平均年径流量偏少达55%。从径流量的变化与降雨量的对比分析中可以看到,径流量的减少远远超过了降水的减少,降水量减少的程度只是径流量减少的10%～30%,这是由于20世纪90年代以来,黄河流域气温上升明显,升幅达0.6～1.5℃,上升最明显的为兰托区间,平均气温升高1.5℃。气温升高,蒸发量增大,造成农业灌溉等用水增加,从而使河川径流量减少。再加上上游来水减少,使上游水库汛期蓄水量减少,非汛期水库向下游的补水也较少,因而造成黄河下游断流频繁发生。

黄河下游从开始断流的1972年到1998年的27年中,共有21年发生断流,累计断流1048 d,平均每年断流49.9 d。其中,20世纪70年代有6年断流,平均每年断流天数为14.3 d。20世纪80年代有7年断流,平均每年断流天数为15 d。进入20世纪90年代后,从1991～1998年每年均发生断流,且断流时间不断增长,一年中平均每年断流107.4 d。近年来黄河下游断流有以下特点:其一,主汛期断流历时逐年猛增:在20世纪70～80年代,每年7～9月份平均断流历时分别为3.3 d和2.1 d,进入20世纪90年代则为20.5 d,其中仅1997年7～9月份断流时间就长达79 d,是有资料记录以来主汛期断流时间最长的一年。其二,断流时间逐年提前:1997年利津水文站2月份便开始断流,1998年元月就开始断流,并且首次出现跨年度断流。其三,断流次数增多,断流时间增长:20世纪70年代共断流86 d。20世纪80年代共断流105 d。20世纪90年代的1995～1998年,平均每年断流达155 d。断流次数20世纪90年代初为每年4～5次,1997年断流13次,1998年达到16次之多。其四,断流河段增长:1997年断流上端到达开封柳园口附近,长度约700 km,超过历史最长记录。

内陆河

西北地区内陆河流域总面积250万 km^2,占整个西北地区面积(344万 km^2)的3/4,是中国最干旱的地区,与地球上其他干旱地带不同,区内分布着庞大的山系。由于高大山系对水汽的阻隔和抬升作用,使得山区降水较充沛,孕育了众多的冰川、积雪、多年冻土、水源涵养林,山区便成了"湿岛",是径流的主要来源区。西北干旱区内陆河大多发源于天山、昆仑山、祁连山等高大山体,共有大小河流676条,其中准噶尔盆地最多,占57.2%,塔里木盆地占27.1%,青海柴达木盆地与甘肃河西走廊合计占15.7%,年径流量超过10亿 m^{3}的内陆河有20条。

山区河流补给具有明显的垂直地带性,随着流域高程的变化,自然条件和降水方式不同,河川径流补给也不同。一般高山地带以高山冰雪融水(包括冰川融水及永久积雪融水)冰面降雪融水补给为主,融水径流约占出山口径流量的22%,其中新疆塔里木盆地可达40%,个别河流高达85%,因此,冰雪资源是该地区绿洲赖以生存的水资源的重要组成部分。而低山地带以季节积雪融水补给为主,中山地带除了高山冰雪融水、雨水两种外,还有季节积雪融水补给等。因此,在河流出口处,其径流往往不是单一的补给源,而具有多种补给来源的混合补给型,其中包括地下水补给。不同补给源的河流分布如下:以高山冰雪融水补给为主的河流,主要分布在帕米尔、昆仑山、喀喇昆仑山、阿尔金山及柴达木盆地西部山地河流。这种河流特点是:汛期较晚,夏水集中。以季节积雪融水补给为主的河流,主要分布在阿尔泰山,准噶尔西部山地。其特点是:汛期较早。以高山冰雪融水和雨水混合补给的河流,主要分布在伊犁河和开都河流域,天山西部、中部南北坡,疏勒河流域等。其特点是:汛期时间长,年内变化不均。以雨水补给为主,并有少量融水补给的河流,主要分布在天山东部小河,祁连山中东段(含石羊河、黑河流域),柴达木盆地河流。其特点是春季水量较大。以地下水补给为主的河流,主要分布在天山以南博尔塔拉河,布古孜河、河西走廊赤金河,踏实河及柴达木盆地的诺木洪河、格尔木河等。其特点是:四季径流较均匀。

　　气候变化对径流有明显的影响。西北内陆河地区气温升高对径流的影响表现为山地冰川消融增加,流域总蒸发量增加。另外,降水对径流有直接的影响,但径流对降雨的敏感性随流域海拔上升而增加,对气温的敏感性随流域海拔上升而减少。对于平均温度为 $0.4℃$ 的高寒山区,气温升高 $1℃$,径流减少 3%;降水增加 20%,径流增加 52%;年平均气温为 $6\sim7℃$ 的玛纳斯河,气温升高 $1℃$,径流减少近 10%;降水增加 20%,径流仅增加 25%。如果未来西北地区气温升幅由 2010 年的 $0.1℃$ 增至 2050 年的 $2.1℃$,降水增幅由 2010 年的 $5\%\sim16\%$ 增至 2050 年的 $14\%\sim27\%$,则未来西北地区的年径流将呈增加趋势,其增幅约为几个百分点至十几个百分点。高寒山区随着气温升高,春季径流将明显增加洪峰将提前出现,其他季节径流减少,尤其夏季减少的最多。

塔里木河

塔里木河是中国最大的内陆河,位于新疆塔克拉玛干沙漠之中,从叶尔羌河一直流入台特玛湖,全长1321 km,为世界第二大内陆河。它汇聚天山、昆仑山、喀喇昆仑山这些大山上的雪水,在沙漠中营造了一条400 km长的胡杨林带,成为"死亡之海"里的"绿色走廊"。它被誉为"母亲河",养育着南疆地区5个地州的42个县市和生产建设兵团4个师局的55个农牧团场的近800万人口。

塔里木河属冰雪融水型河流,冰雪融水补给占38.5%,汛期降水对径流量有很大的影响。近年来,由于源流地区气温显著升高,降水量明显增加,造成了源流出山口径流量的显著增加。据水文站观测,自1959年设站开始至1998年,40多年塔里木河河川径流量虽有波动,但没有减少的趋势。作为塔里木河主要水源的阿克苏河的水量1989年以后年径流量比多年平均多10%以上。而干流阿拉尔水文站1989~1998年的平均径流量却由1959~1968年平均51.38×10^8 m^{3}减少到41.11×10^8 m^3,完全是源流区水资源利用量扩大的结果。

疏勒河

疏勒河是河西走廊西部昌马河、党河、石油河、榆林河等河流的总称,是河西内陆干旱区三大河流中仅次于黑河的一条河流。主流为昌马河,发源于祁连山西段的疏勒南山和陶勒南山,上游汇集陶勒南山南坡与疏勒南山北坡的数十条冰川支流,经疏勒峡、纳柳峡、昌马峡出山汇入走廊平原,自东向西流经玉门－踏实盆地和安西－敦煌盆地,最后消失于库穆塔格沙漠。

疏勒河夏、秋季径流量主要来自于同期祁连山区西段的降水,疏勒河汛期径流量与托勒、门源、刚察、酒泉、肃南站汛期降水关系密切,其中,与托勒同期降水的相关系数超过了0.001信度水平。春季冰川消融对径流量的补充为28%。祁连山西部降水尤其是夏季降水自20世纪80年代以来持续增加,加上气温上升,导致疏勒河流域的流量显著增加。

黑　河

黑河是中国第二大内陆河,发源于青海省祁连山区的走廊南山,源头为冰川。黑河流域位于祁连山和河西走廊的中段,东起山丹县境内的大黄山,与石羊河流域接壤;西以嘉峪关境内的黑山为界,与疏勒河相邻;南起祁连县境内的祁连山南北分水岭;北至额济纳旗境内的居延海。流域面积约 13×104 万 km^2,共有大小河流41条。黑河流经青海、甘肃、内蒙古三省、区,流域南以祁连山为界,北与蒙古人民共和国接壤,东西分别与石羊河、疏勒河流域相邻。

黑河出山径流量基本稳定略有上升趋势,1944~1957年这一时期黑河水量较为稳定且偏枯,1968~1979年和1991~2001年这两个阶段出山水量较枯,1952~1959年、1980~1991年这两个阶段出山水资源较丰。出山径流存在几个明显的上升时期和下降时期,1950~1954年、1985~1989年为持续上升时期,1958~1989年、1975~1979年、1998~2001年这三个时期为持续下降阶段。从上升和下降的幅度看,上升过程较为缓慢,而下降过程较为迅速。

黑河径流量主要来自于同期祁连山区中段的降水。黑河汛期流量与祁连、托勒、门源、刚察、酒泉、民乐气象站汛期降水关系密切,其中,与祁连同期降水的相关系数超过了0.001信度水平。祁连山中西部降水尤其是夏季降水自20世纪80年代以来显著增加,尽管气温也有明显上升,但由于春季冰川消融对径流量的补充仅为8.3%,因此黑河流域的流量略有增加,而不像疏勒河流域增加的那样显著(见图10.1~10.3)。

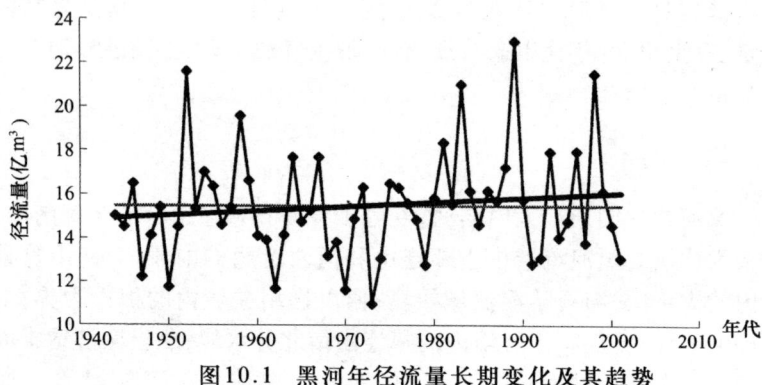

图10.1 黑河年径流量长期变化及其趋势

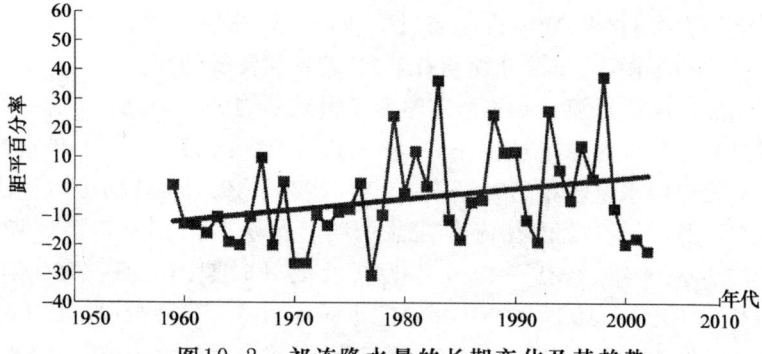

图10.2 祁连降水量的长期变化及其趋势

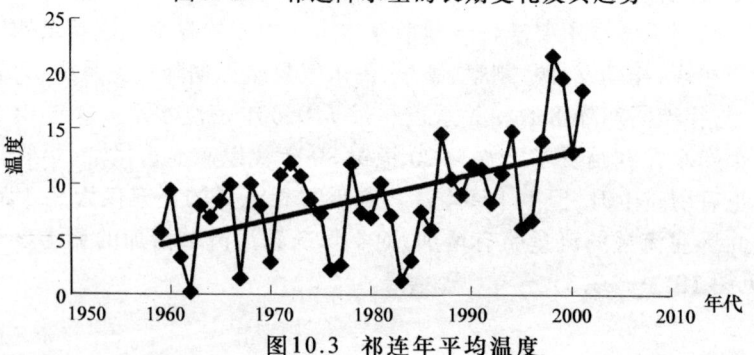

图10.3 祁连年平均温度

石羊河

石羊河发源于祁连山冷龙岭冰川,尾水消失于腾格里沙漠,流域面积为 4.16×104 万 km^2,主要由 8 条具有独立出山口的河流组成,这 8 条支流从东到西依次为大景河、古浪河、黄羊河、杂木河、金塔河、西营河、东大河、西大河。

石羊河流域出山水资源变化过程比较特殊,持续过程非常明显,而没有明显的丰枯交替变化过程。从河流出山水量的同期合成过程看,流域水资源总体处于缓慢衰减过程,但各个年代的丰枯变化有所不同,20 世纪 60 年代出山水量最丰为 $14.682\times 10^8 \ m^3$,70 年代平水为 $13.420\times 10^8 \ m^3$,1980 年偏丰为 $14.429\times 10^8 \ m^3$,90 年代特枯为 $12.537\times 10^8 \ m^3$,而且从 1990 年开始,除 1993 年为丰水年以外,其他年份全部为枯水,而且从 1993 年开始连续 7 年出山水量持续线性下降。

内陆湖泊

内陆湖泊是气候变化敏感的指示器,高山湖泊处于自然状态,受人类活动影响较小,能够较真实地反映气候状况,而内陆河尾闾湖变化受自然和人类活动共同影响。受气候变暖和人为活动影响,黄河源区 $379 \ km^2$ 范围内,湖泊数量由 1988 年的 4561 个减少到 3919 个,水面减少了 1550 多 hm^2。

艾丁湖

艾丁湖位于新疆吐鲁番市南 20 km 处,是吐鲁番盆地水系的尾闾和最后归宿地,湖面海拔 -154.4 m,是中国的最低洼地。也是世界第二低地。在地质历史上,它曾经是一个相当大的淡水湖泊。受地质构造和气候及人类活动的共同作用,由淡水湖渐变成盐水湖。湖水面也不断缩小。湖区北面托克逊县、吐鲁番市和鄯善县的年平均降水量分别为 6.9 mm,16.4 mm 和 25.2 mm,而年蒸发量却高达 3723 mm,2837 mm 和 2727 mm。蒸发量是降水量的 110~500 倍。艾丁湖海拔低,且多干热风,蒸发量更大,生态与环境严酷,艾丁湖从 1984~1995 年几乎断水已有 10 年。如今的艾丁湖水面,烟波浩淼、宽阔迷人。水面大约 75 km^2,是过去艾丁湖水面的 20 多倍。站在湖边,吐鲁番令人窒息的燥热顿感消失。

艾丁湖重现的原因与气候变化有关。20 世纪 90 年代新疆平均气温升高 0.3 ℃,但降水量却比 20 世纪 80 年代增加了 20%~50%。艾丁湖源流区降水量普遍偏多 5%~15%。夏季降水量偏多 20% 多。阿拉沟 1998 年、1999 年和 2000 年连续三年来水量偏多 75% 到 124%。与此同期,艾丁湖各条河流出现了几十年不遇的大洪水。阿拉沟站 1996 年出现 490 m$^3 \cdot$s^{-1} 洪峰流量。3 日洪水量达 0.456×10^8 m^3,为 1957 年以来实测最大值。

青海湖

青海湖流域位于青藏高原东北隅,湖区介于 97°50′~101°20′ E,36°15′~38°20′ N之间,流域面积 29 661 km^2。流域地势为西北高东南低,形成了四周群山环抱的封闭式的山间内陆盆地,湖南边为青海南山,东为日月山,西为橡皮山,北面为大通山。青海湖水位在波动中持续下降,自 1959 年至 2000 年,年平均水位共下降了 3.32 m,平均每年下降了 0.079 m。近年来,下降的幅度减小。

湖区降水呈增加的趋势。20 世纪 50~80 年代呈缓慢上升,90 年代有一个小幅度的回落,在 50~100 mm。径流呈下降的态势与其总补给源降水的变化趋势相反,产生这种现象的原因一个可能是降水的过程发生变化,形成径流的有效降水减少;另一个可能是生态环境恶化,水源的涵养能力下降,加之地形平坦,陆地蒸发量增大。

冰川积雪

西北内陆地区的冰川是干旱区水资源的重要组成部分。全区有冰川22 699条,面积2 833 057 km^2,冰川水资源储量28471亿 m^3(20世纪60年代初的面积和储量),分别占全国相应总量的51.4%、50.5%和54.2%。西北干旱区的冰川水资源量和"小冰期"最盛期相比,面积减少了9.9%,而近35年来冰川面积减少了4.9%。近五十年来山地冰川普遍退缩。航测分析结果表明,1964~1992年天山乌鲁木齐河流域的155条冰川面积减少了13.8%,冰储量减少16.8%,冰川末端平均每年以3.5 m的速度后退。

与其年平均变化比较,近35年来的冰川变化量是"小冰期"以来冰川变化最剧烈的时期,反映了全球气候变暖对中国冰川水资源的影响。西北干旱区冰川变化量及其幅度具有较湿润的边缘山地大于内陆干旱山地的规律,西昆仑山东段和祁连山西段是西北干旱区冰川活动最小的地区。据预测,今后较长时期内,西北干旱区的冰川仍呈退缩趋势。根据小冰期以来冰川退缩规律和未来夏季气温和降水量变化的预测结果,到2050年西部冰川面积将减少27.2%,折合冰量约16 184 km^2,其中海洋性冰川减少最显著,为52.5%,6925 km^2,亚大陆型冰川次之,为24.4%,6631 km^2,极大陆型冰川最少,为13.8%,2629 km^2;冰川物质平衡每年亏损值分别高达-1318 mm、-900 mm和-623 mm;冰川平衡线高度将分别上升238 m,168 m和138 m。

西北内陆区积雪水资源及其变化 季节性积雪是西北内陆区重要的淡水资源。新疆是中国积雪水资源最为丰富的地区,冬季积雪时期平均积雪贮量(水当量)达361.0亿 m^3,其中北疆211.6亿 m^3,南疆130.5亿 m^3,祁连山区18.9亿 m^3。积雪一般从11月下旬开始形成,于2月下旬至3月上旬达峰值,消融期集中于3月中旬至4月上旬,这种循环过程及其特点为积雪水资源的充分利用及作物春灌提供了保障。近50年来,随着冬季显著变暖,积雪年际变化较大,但仍属于围绕平均值的正常年际波动。1987年以来全球变暖导致的北半球积雪显著减少,春季积雪提前消融。相反,由于冬季降水量的增加,新疆年积雪日数、消融期积雪日数和年累积雪深度近五十年来分别增加了8.9 d、1.6 d和20.8 cm。从总体上说,西北内陆区积雪水资源丰富而稳定。

地下水

西北干旱区盆地平原内降水稀少,为不产流区,山区降水丰富,为产流区。地下水资源的形成和变化以山区水资源在盆地平原区内的转化为基本特征。这种特殊气候特点,意味着干旱区的山区水资源(包括降水和雪冰融水)成为内陆河流和盆地平原地下水的惟一补给来源。盆地平原地下水和地表水是同一补给源的两种表现形式,且具有密切的联系。地下水位的高低,随地表径流量的大小而变化。当地表水为丰水期时,地下水水位为高水位;当地表水为枯水期时,地下水水位为低水位。地下水位较地表水位滞后2~3个月。当上游地区修建水库、衬砌渠道、提高河水的调蓄程度和利用率,则地下水的补给量、泉水的溢出量和溢出地点、下游的河水数量和地下水补给数量都随之减少。新疆塔里木河干流水量逐年减少,下游卡拉水文站20世纪50年代径流量为13.53×10^8 m^3,到90年代减少为2.84×10^8 m^3,减少79%,使河道干涸长达320 km,地下水位下降5~10 m不等就是例证。目前,河西走廊大部分地区的地下水位比20世纪50年代后期下降了3~5 m,有的地区达10 m以上。地下水补给带的地下水位下降尤为明显。石羊河流域武威盆地的泉水量降低幅度更大,由20世纪50年代中期的6.92×10^8 m^3降至20世纪70年代末的1.91×10^8 m^3,净减5×10^8 m^3,减少了72%以上,除此之外,泉水溢出带的位置也普遍向上游位移了2~7 km。

　　降水及其时空分布对地下水资源的影响很大。西北区降水主要集中在山区,盆地降水量很少。所以山区地下水资源主要接受降水的入渗补给,并以基流和侧向径流的方式向盆地排泄。一般年降水量小于400 mm,降水入渗补给减少1/3,年降水量小于200 mm,则降水入渗补给可减少50%以上。对于地形较陡,降水集中的地区,也不利于降水对地下水的补给。银川平原、河套平原大部分地区,地下水位埋藏较浅,因缺乏补给空间,不利于降水对地下水的补给。西北干旱地区降水的年内变化较大,主要集中在6~9月,对于地表岩性透水性能好、地下水埋深较大的地方(如毛乌素沙漠、黄土台塬),有利于对地下水的补给。

第十一章
干旱对生态环境的影响

生态环境是关系到人类生存发展的基本自然条件。干旱气候对生态环境的影响总是与沙漠化、草场退化、沙漠绿洲面积减少、城市空气污染等自然灾害密切联系在一起的。我们希望通过下面的介绍,能够唤醒大家的生态意识,提高保护生态环境的自觉性,积极投身到合理利用和开发干旱气候资源,建设我们美丽家园的工作中来。

干旱气候与生态环境

生态学是由希腊文 Oikos 衍生而来的,即"住所",或"生活所在地"的意思。1869 年由微生物学家赫克尔(Ernst Haeckel)提出。生态学就是研究生物或生物群体及其环境的关系。地球生态系统,就是地球生命系统和环境系统在特定空间的组合。其特征是系统内部以及系统与系统外部之间存在着能量的流动和由此推动的物质循环。例如森林、草原、河流、湖泊、山脉等都是生态系统；农田、水库、城市则是人工生态系统。生态环境是指除人口种群以外的生态系统中不同层次的生物所组成的生命系统。

"青山绿水，吟燕啼莺"的生态环境是人类繁衍生息的美好家园。影响生态环境演变有自然和人为因素。自然因素形成的生态环境演变现象，如冰川进退、雪线升降、河湖消长、沙漠变迁等；人为因素影响的生态环境演变现象，如农垦引起的荒漠化、盐碱化、水生生物和稀有动植物减少（或灭绝）、草场退化等；排污引起的水环境和大气环境污染、土地肥力下降、生物生存环境破坏等；工农业发展带来的水资源利用量、土地资源利用量以及其他资源利用量增加、森林和草地覆盖率减小等生态环境问题。在生态环境复杂和漫长的变迁过程中，自然和人为因素决定了生态环境演变的特征和过程。越来越多的事实表明，生态破坏将使人们丧失适于生存的空间，并由此产生大量生态难民而冲击社会的稳定。因此，必须清醒地认识到，实现生态环境优化调控与科学管理，是保护生态环境、促进社会经济与环境协调发展、建立人与自然和谐关系的重要举措。

大家知道，干旱根据其发生的原因可分为大气干旱（或气候干旱，指天旱）、土壤干旱（指地旱）和生理干旱。大气干旱，是指在某一时期内大气自然降水比多年同期偏少一半（或以上）时，虽然土壤水分并不一定亏缺，但因长期高温、干燥、土壤水分蒸发和植物蒸腾加大，使作物耗水速度过快，根系吸水无法及时向作物补充水分，致使作物产生暂时凋萎的现象。大气干旱严重时会使作物产生永久凋萎（即死亡）。土壤干旱，指因土壤水分亏缺而造成作物吸水困难，影响作物正常生长。生理干旱，是因为土壤水中含盐浓度过大，从而造成作物吸水困难，甚至脱水，影响作物的正常生长。盐碱化地区或施肥过多会出现此类干旱。

青藏高原隆起是造成中国西北地区气候干旱的主要原因。它阻挡了西南暖湿的夏季风气流北上，使中国西北内陆地区逐渐形成了干旱少雨的气候。另外,西北地区河流、植被、地质等生态环境的不断恶化,对当地干旱气候演变也有一定的影响。干旱、半干旱气候区晴空少云,蕴藏着极其丰富、洁净的太阳能和风能资源,年降水少变率大,相对湿度小,蒸发量是降水量数倍或数十倍,日照强烈,夏季酷热,昼夜温差大,多大风、沙尘暴、暴雨、冰雹和干热风等灾害性天气。

近年来,在全球气候变暖和干旱化发展的同时,中国新疆干旱绿洲地区出现了变暖、变湿的新趋势,这意味着当地气候带和农业带已经向着更加有利的方向发展。但是,干旱、半干旱区气候变暖会使天山、祁连山等地区的冰川逐渐消失,沙漠化加剧,沙尘暴等灾害增多,这不能不引起我们的重视。

众所周知,水是干旱、半干旱气候区最宝贵的资源。特别是干旱、半干旱地区社会经济发展,更加依赖于良好的生态环境和生态系统的维持和发展。只要有足够的水资源,干旱生态环境更有利于许多经济作物和粮食作物生长。如果人类能够合理利用干旱地区优良的气候条件,注重生态环境保护和改造,就可以创造文明与辉煌。美国自20世纪30年代以后重视了西部建设和改造后,当地17个州提供了全国80%以上的小麦和畜产品;前苏联20世纪60年代以后重视了中亚地区的建设和改造后,中亚提供了全国45%的商品粮。澳大利亚中西部大部分都是干旱、半干旱地区,然而其农产品在世界上却占有重要的地位。宁夏回族自治区银川市的贺兰山东麓曾经是占地2000多 hm^2 的3000多个大沙丘,现在毛白杨和枣树等生态、经济树种间隔着蓖麻、苜蓿等草类,一望无际郁郁葱葱的绿洲蜿蜒达200多 km,总面积达到3689 km^2。这里已经实现荒漠化逆转,局部地区出现了"人进沙退"的现象。海湾战争之后,美联社曾经播发了一篇报道,大意是由于军事封锁和未排除地雷的威胁限制了人群的出没,在伊拉克边境沙漠边缘地带竟奇迹般地生出了青草。

相反,如果人类过渡开发自然资源,不注重生态环境保护,昔日的繁荣与辉煌也会失去,今天我们不得不咽下"山穷水尽"的苦果。

古代文明的埃及尼罗河流域以及美索不达米亚,由于长期滥用自然资源,如今大部分地方已经演变为沙漠化;非洲撒哈拉的沙漠洞穴壁画中反映的史前社会的生产生活场景,早已成为考古学家的感叹。公元前5400～3000年,撒哈拉曾经是水草肥美的绿洲,公元前3000年以后水牛、河马和犀牛等喜水动物逐渐从壁画中消失,说明当时水源减少,生态环境进一步恶化。到了公元前200年左右骆驼才出现在壁画上,说明当地早已成为沙漠。中国古丝绸之路明珠——新疆楼兰古城,也没有逃脱沙漠化的劫难,大约在西汉以后变为废墟。同样建于5世纪初期的西夏国都——统万城,现在已被掩埋在毛乌素沙漠里。1968年到1973年撒哈拉大沙漠以南的萨赫勒地区,由于降水持久短缺,形成旱灾,影响到16个非洲国家,死亡约25万人。持续6年的大旱使撒哈拉沙漠向南扩张了500多km。这一残酷的历史教训,引起了世界舆论的高度关注,1974年由非洲国家首倡,联合国大会第29次会议就防治沙漠化问题通过了3337号特别决议,从此唤醒了世人保护生态环境的注意。

干旱与荒漠化

荒漠化英文词是"desertification",是法国植物学家、生态学家Aubreville对热带非洲的气候、森林以及人类活动相互关系进行研究后,于1949年首次提出。荒漠化是岩石圈与大气圈、生物圈和水圈强烈作用在地壳表层特殊的地质现象,它是干旱、半干旱气候区脆弱生态环境条件下的产物。根据1994年《联合国防止荒漠化公约》中定义的荒漠化,是指"包括气候变异和人类活动在内的种种因素造成的干旱、半干旱和亚湿润干旱地区的土地退化。"所谓"土地退化",是指由于使用土地或其他因素致使干旱、半干旱和亚湿润干旱地区雨养地、水浇地和草原、森林和林地的生物经济生产力下降或丧失。虽然荒漠化与沙漠化都是由于干旱气候和人类对生态环境破坏影响的结果,但是气候干旱化,往往要经过几百年或上千年的时间,而人类过度开发能在几年到几十年的时间内,造成严重后果。荒漠化地区气候极端干燥,降水极少,日照强烈,昼夜温差很大,风力很强。这里多数地方基本无地表水体,植被稀疏,一般动物难以生存,形成荒无人烟的不毛之地。

世界荒漠化地区集中分布在赤道两侧的热带至温带。在北半球集中在 $10°\sim55°$ N,南半球集中在 $10°\sim50°$ S。在北半球从北非的撒哈拉,经西南亚的阿拉伯半岛、伊朗、印度北部、中亚到中国西北和内蒙古,形成了一个几乎连续不断,东西长达 13 000 km 的干旱荒漠带。

目前,全球荒漠化土地面积约为 3600 万 km^2,几乎等于俄罗斯、中国和美国国土面积的总和,约占地球陆地面积的 1/4。全世界 100 多个国家和地区,约 10 亿人口受到荒漠化的危害。由于荒漠化造成的经济损失每年高达 423 亿美元,而且荒漠化仍以每年 $5\sim7$ 万 km^2 的速度扩展。中国荒漠化面积达 267.4 万 km^2,占国土面积的 27.8%,1994 年至 1999 年间,全国荒漠化土地净增 5.2 万 km^2,年均增长 1 万多 km^2。据统计,中国每年因荒漠化造成的直接经济损失达 540 亿元,平均每天损失近 1.5 亿元。

"黄河远上白云间,一片孤城万仞山。羌笛何须怨杨柳,春风不度玉门关。"这是唐代诗人王之涣对玉门周围环境和气候的真实写照。造成荒漠化的原因很多,全球气候变暖、北半球日益严重的少雨、干旱等自然因素演变是主要原因,但是,人类对大自然的过度开发、无限制放牧、砍伐森林、过度开垦土地等引起生态环境恶化,也是不可忽视的重要原因。荒漠化及其引发的土地沙化被称为"地球溃疡症",已成为严重制约中国经济社会可持续发展的重大环境问题。

根据地表形态特征和物质构成,荒漠划分为风蚀荒漠化、水蚀荒漠化、盐渍化、草场退化、冻融及石漠化等。

风蚀荒漠化是中国各类型荒漠化土地中面积最大、分布范围最广的一种荒漠化类型。主要分布在内蒙古、西藏、新疆、甘肃、青海等地。风蚀荒漠化的演变过程受气候,特别是受干湿程度的影响最大。这是由于在风蚀中,土壤的水分含量与其抗蚀力呈正相关。就是说,风蚀地区干旱化程度越高,土壤受到风蚀荒漠化影响的程度就越大。目前,全球风蚀荒漠化程度越来越严重,其分布的范围也越来越大,由以往零散分布趋向于大片连续分布。

水蚀荒漠化是指由于水土流失造成的土地退化。水蚀荒漠化与土壤的质地紧密相关。主要分布在黄土高原北部的无定河、窟野河、秃尾河流域、泾河上游、清水河、祖历河的中上游、湟水河下游及永定河的上游;在新疆的伊犁河、额尔齐斯河上游及昆仑山北麓地带也有较大的连续分布。

土地盐渍化是指由于旱地灌溉而形成的土壤次生盐渍化。土壤盐渍化属化学作用造成的土地退化,约占荒漠化总面积的 8.9%。土壤盐渍化比较集中连片分布的地区有柴达木盆地、塔里木盆地周边绿洲以及天山北麓山前冲积平原地带、河套平原、银川平原、华北平原及黄河三角洲。土壤盐渍主要是由于气候、排水不畅、地下水位过高及不合理灌溉方式等造成的。

草地退化是指草地群落覆盖度明显降低,单位面积产草量明显下降的现象。中国干旱、半干旱和亚湿润干旱区的草地退化非常严重,退化草地面积达 10 523.7 万 hm^2,占该地区草地总面积的 56.6%。由于草地群落可食草类的减少,必然使有害(毒)草类增加,进一步加剧草地质量变劣。当草地覆盖度减低后,由于裸露地表比例的增加,为风力侵蚀的加剧创造了条件,往往又会加剧草地退化,导致了一个恶性循环的过程。此外,由于草地水分生态环境变劣,会导致草地群落向着旱生化发展。其结果是草地生产力和草地质量都变得越来越差。

中国一直高度重视防治荒漠化的工作。1958 年国务院召开了全国治沙会议,会上周总理发出"向沙漠进军"的号召,组织群众防沙治沙。1995 年 6 月 17 日第一个世界防治荒漠化和干旱纪念日以来,中国政府每年都组织大规模的防治荒漠化意识教育和宣传纪念活动,使防治荒漠化必须坚持"预防为主,防治结合,综合治理"的方针深入人心,防治荒漠化工作进入了有计划、有步骤、规模化和效益化的新阶段。1991~1997 年全国共完成治理开发面积 644 万 hm^2,其中人工造林 207 万 hm^2,封沙育林、育草 203 万 hm^2,飞播造林 44 万 hm^2,人工种草及改良草场 83 万 hm^2,治沙造田、改造低产田 63 万 hm^2,种植药材及其他经济作物 29 万 hm^2 等。

最近,中国将通过实施三大工程防治土地荒漠化,力争到 2010 年基本遏制沙漠化的扩展趋势。这三大工程:一是重点做好 2000 年启动的"三北防护林建设"四期、京津风沙源治理等国家骨干工程。二是做好一江两河(长江、黄河、淮河)和黄河故道等沙化土地的区域性治理工程,有计划、有步骤地对全国一些区域性沙化土地加速治理,改善沙区的生态环境,促进当地社会经济的可持续发展。三是加快南方湿润沙地的治理示范工作,主要包括南方沿河、沿海、沿湖沙化土地的治理。

干旱与沙漠化

沙漠化是沙质荒漠化的简称,指在干旱、半干旱和部分亚湿润干旱地区的沙质地表条件下,由于气候干旱化、人为因素和自然条件的影响,出现了以风沙活动为主要标志,并逐步形成风蚀、风积地貌景观的土地退化过程,使固定沙丘转变为活动沙丘、植被退化、土壤肥力减低,最终导致出现类似沙漠景观的生态环境变化。

地理地貌类型、极少的降水、极端的干旱气候是形成中国沙漠化的罪魁祸首,而不合理的人类活动只是加剧和加速了沙漠化形成的过程。中国北方的沙漠早在1.1亿年以前就已经形成,比较年轻的塔克拉玛干沙漠也已有200多万年的历史了。在被"风吹成的黄土高原",现今广大丘陵、沟壑区覆盖的数十米至数百米厚的黄土,也是在200多万年前第四纪亚冰期干燥寒冷气象条件下,由发源于西伯利亚冷高压的强大冬季风,从中亚、蒙古高原和新疆等地戈壁、沙漠中携带来的粉砂沉积而成。其中,兰州市西津村探测的黄土厚度达409.93 m,是目前世界上最厚的黄土层。大约到了间冰期,黄土高原沙黄土带植被生态,已经逐渐变为半干旱草原;典型黄土带北部变成温暖半湿润森林草原,其南部变成湿润气候,呈现郁郁苍苍的森林景观。

目前,全球土地沙漠化的情况依然严重,每年有240亿t的地表土流失。沙漠化使全球10亿人口的生存条件受到严重威胁,1.35亿人流离失所,每年有1200万人因缺水或饮用污水致死。非洲是沙漠化的重灾区,已有10亿多hm^2土地沙化,占其干旱土地的73%,并形成了"贫穷加剧沙漠化,沙漠化又加剧了贫穷"的恶性循环。沙漠化还引起饥荒、社会动荡、政治和武装冲突,加重生态不平衡,导致全球气候异常、生物物种减少。沙漠化不断吞噬人类赖以生存的地表土壤,给人类和许多物种带来严重的生存威胁。据"联合国环境规划署"计算,治理全球沙漠化需要20年的奋斗,每年要花费100亿至220亿美元才能奏效。

据统计,中国沙漠化土地面积达168.9万km^2,占国土总面积的17.6%。主要分布在新疆、内蒙古、西藏、青海、甘肃、河北、宁夏、陕西、山西等18个省(区、市)的471个县(旗、市)。而且其面积每年还在以2500 km^2的速度扩大。土地沙漠化每年给中国造成的经济损失约65亿元,严重威胁着4亿人口的生活。20世纪50年代至70年代,中国沙漠化土地平均每年以1560 km^2的速度扩大。大家所熟悉的《敕勒川》中"天苍苍,野茫茫,风吹草低见牛羊"的诗情画意,也开始从大家的眼前逐渐消失。进入20世纪80年代,随着全球气候变暖,气温升高,降水减少,干旱频率增大,使中国沙漠化土地平均每年以2100 km²的速度在扩大。根据1991年国务院批复的《1991～2000年全国治沙工程规划要点》,全国防沙治沙工程建设以西北、华北和东北西部为主线,以保护、扩大林草植被为中心,以科技示范为支撑,按照"以防为主、防治结合,适度开发、综合治理,统一规划、分步实施,先易后难、循序渐进,全面防护、突出重点,稳步推进、协调发展"的原则,依靠沙区广大干部群众,动员全社会的力量,经过几年不懈努力,生态环境保护和建设工程取得了很大成绩。

据统计,中国从1998年至2000年6月,累计植树造林86万hm²,封育治理17万hm²,治理水土流失面积2.6万km²,治理荒漠化土地7500 km²,治理退化、沙化、碱化草地26万hm²。俗话说"寸草能遮百丈风"。风小了,沙的流动性也小了,沙丘就不会移动了。所以,大规模栽种沙生植物,是治沙的根本办法。如今陕西榆林地区与20世纪50年代相比,林草覆被率由1.8%提高到38.9%,沙丘高度平均降低了30%～50%,沙丘年前移速度从5～7.7 m降到目前的1.68 m,每年流入黄河的泥沙减少了一半以上;通过治沙和对沙区资源开展综合开发,粮食总产较20世纪50年代初增产6倍,以畜牧业为龙头的毛纺、皮革和皮毛肉等年产值达到2.8亿元,有10万多户60多万人在沙漠腹地新辟绿洲,重建家园。同样,内蒙古赤峰市综合治理开发沙地14.6hm²,使森林覆盖率由解放前的5%提高到现在的21.6%,与20世纪60年代相比,无霜期延长了5.3d,平均风速降低了$0.52 m \cdot s^{-1}$,沙尘暴天数下降了60%;目前已经具备了年产粮食25亿kg和饲养1000万头大牲畜的农牧业综合生产能力,是建国初期的10倍以上。

多年来,中国的沙漠化综合治理工作也得到了国际社会的大力支持。亚洲开发银行官员在"21世纪论坛——绿色与环保2001年会议"上表示,亚行、全球环境基金及其国际和双边捐助者将在未来5年内向中国提供8亿多美元,帮助中国治理西部地区的土地退化。

亚行环境与社会发展局局长罗夫·泽留斯说,从20世纪90年代开始,亚行总共提供了23亿多美元贷款和6200万美元的技术援助赠款,援助中国改善生态环境。我们相信,在国际社会的大力支持下,随着中国西部地区退耕还林草等改善生态环境工作的进一步深入,一个山川秀美、生态环境良好的新西部必将展现在世人面前。

干旱与沙尘暴

沙尘暴(sand-dust storm)是一种破坏力很强的气象灾害,它破坏人类的生存环境,危害人们的健康,毁坏农田、城市和村庄,给人类造成重大的经济损失,已经成为一个备受国际社会关注的生态环境问题。中国气象局制定的天气观测标准,把由于强风将地面大量尘沙吹起,使空气很混浊,水平能见度小于1.0 km的天气现象,称为沙尘暴。当水平能见度小于500 m的天气现象,称为强沙尘暴(群众俗称黑风或黑风暴)。一年里,沙尘暴天气高发期为春季(3~5月),其次是深秋到冬季(11~2月)。其中,3~5月出现的沙尘暴大约占全年发生次数的73%。沙尘暴多发生在午后到傍晚的时段内,占总数的66%。遇到强沙尘暴天气过程时,其演变又有深夜减弱、白天加强的变化特点。

沙尘暴和沙暴(sand storm)、尘暴(dust storm),同属于强吹蚀地面沙和尘土现象,但它们的搬运距离和颗粒大小有明显区别。当风力超过沙尘粒的重量几十倍,上百倍甚至几百倍时,地面的沙尘粒会腾空而起,以300~900 $r \cdot s^{-1}$的速度旋转上升到高空大气中。在"一年一场风,从春刮到冬"的吐鲁番盆地、甘肃安西、玉门等地,一年大于8级以上的大风达100 d左右(1979年新疆大阪城大风为202 d),11到12级飓风也不稀罕(1977年4月2日阿拉山口平均风速44.0 $m \cdot s^{-1}$,瞬间最大风速为55.0 $m \cdot s^{-1}$),难怪有风吹"石飞轻如絮,辎重飘若蓬"的感叹。

全球沙尘暴分别位于中亚、北美、中非和澳大利亚等地。中国的沙尘暴是中亚沙尘暴多发区的一部分,属全球沙尘暴高发区之一。中国沙尘暴主要发生在西北、华北和东北的部分地区,西北是中国沙尘暴灾害史最长、受灾最严重的地区。西北强沙尘暴西起新疆喀什,东接蔓延达1000 km的甘肃河西走廊,北连内蒙古阿拉善盟,向东延伸到宁夏河套地区。其中甘肃民勤、内蒙古拐子湖、宁夏盐池和新疆民丰,多年平均沙尘暴发生日数分别达到 29.6、30.0、25.9 和 34.9 d。

沙尘暴起源于持续干旱温度偏高的异常气候的大风扬尘天气,消亡时往往会形成沙尘(浮尘),并伴有剧烈的降温和降水天气。在沙尘暴形成前3~5 d内,一般艳阳高照,气温陡增,沙尘暴发生的中午是风和日丽,闷热如夏(最高气温到达30 ℃以上),忙碌的人们,谁曾想危险正在悄悄逼近。强沙尘暴形成时,在下游5~6 km外,能看到天边隆起数千丈高的黄色"北极熊"云团。沙尘暴临近时,从地面到天空像海浪掀起高约 500~3000 m以上翻腾旋转的"沙尘壁"(或称"沙尘墙"),犹如原子弹爆炸时的蘑菇云。仔细观察"沙尘壁"由于受光线变化的影响呈现上黄、中红、下黑三种颜色。当气势磅礴的强沙尘暴向前推进,在邻近1 km的地方就能听到沉闷的轰鸣声。强沙尘天气到达时,顷刻间 10~12 级狂风大作(已观测到的瞬间最大风速为 25.0~55.0 m·s^{-1}),飞沙走石,遮天蔽日,漆黑一片,伸手不见五指,白天瞬间变成黑夜。沙尘暴天气减弱后所经过的广大地区,一般风力不大,但是天空昏黄,沙粒或浮尘伴随"泥雨"从天而降,落到树木和作物叶子上,叶子由绿变成"土黄"色;落到房屋上,房屋变成"土黄"色,落到河水里,河水泛起黄色涟漪……

影响沙尘形成的原因很多,青藏高原在数百万年前隆起,阻挡了西南暖湿季风气流北上,形成了中亚和中国西北地区干旱、半干旱气候。这里森林覆盖率低,大部分地表为广阔的沙漠和戈壁,夏天是全年的雨季,而秋季到来年春季由于长时间降水偏少,持续干旱使裸露的地表土壤因没有水分补充,在风蚀、严寒和干燥的气候作用下,为沙尘暴形成提供了丰富的沙尘物质。每年一到春季,北方地区晴朗天气多,气温回暖增温快,一旦大范围裸露地表解冻,疏松的土壤细沙和尘土遇到高空强冷空气入侵,同地面异常温暖的暖空气相遇,在特殊地理山脉环境的狭管效应作用下,便会激发中小尺度天气系统发展(如飑线),形成剧烈的空气垂直对流,引起高空大风动量下传,促使地面大风天气进一步加强,这时 10~12 级的大风所刮起的沙石和尘土,被挟裹到高空,虽然较大的沙石因地球引力作用不断落回地面,但是细小沙尘随上下翻滚的气流直上云霄,激发形成沙尘暴天气。一般冷暖空气对比越强,则沙尘暴天气的危害越重。近年来随着全球气候变暖,干旱少雨,河流和湖泊变小或干枯,特别是人类过度开发自然资源、过量砍伐森林、过度开垦土地也是引起沙尘暴强度和频度增大的主要原因。

  据观测,20 世纪 30 年代美国西部大平原发生了一场特大的沙尘暴,在这场美国历史上最严重的沙尘暴中,大平原损失了 3 亿 t 的肥沃土壤。浩劫之后,几百万公顷的农田废弃,几十万人流离失所,众多城镇成为了荒芜人烟的空城。许多人被迫向加利福尼亚州迁移,引发了美国历史上最大的移民潮。前苏联的中亚五国是荒漠化比较严重的地区,总面积有近 400 万 km^2。由于人口的快速增加,人为过量灌溉用水,乱砍滥伐森林,超载放牧,草场退化,沙漠化十分严重。在非洲的撒哈拉沙漠南缘的萨赫勒地区,从 20 世纪 70 年代初到 80 年代中期,由于连年旱灾以及当地人过量放牧和开垦,造成草场退化,田地荒芜,沙漠化土地蔓延,沙尘暴加剧,使当地生态环境急剧恶化。这些刻骨铭心的历史教训,多数是由于人类过度开发利用资源和疏于对生态环境的保护,招致原有良好的生态环境遭到破坏所造成的。一旦"天人合一"和谐的生态系统遭到破坏,会使原本干旱的气候系统变得更加严酷,加剧大风、沙尘暴等灾害性天气发生。

这种恶性循环对生态系统的恢复是极其不利的。只有重视干旱生态环境保护,合理开发利用资源,才能保持干旱气候区域的经济和社会稳定和繁荣。

长期以来,沙尘暴对地球环境和人类的贡献却始终鲜为人知。最新研究证明,沙尘暴形成的气溶胶在高空有全球循环的演变特点。撒哈拉沙漠尘埃伴随大风上升气流能漂移到 7000 km 以外的大西洋和南美洲的亚马孙地区,中亚等影响中国的沙尘暴,能够影响到朝鲜半岛、日本以及 10 000 km 之外的夏威夷。澳大利亚中部地区的尘埃可输送降落到 3500 km 外的新加坡。谁曾想,正是由于撒哈拉沙漠富含养分的尘土"入侵"亚马孙河流域,才使它形成了广阔富饶的热带雨林,而不是一望无垠的草原;中亚和中国沙尘暴所提供的尘埃,形成了夏威夷与阿拉斯加之间极其丰富的渔业资源。这些尘埃中含有大量的铁,有助于浮游生物的生长,促进了大量鱼类的繁衍。大气中大量的沙尘微粒不但能缓解下游地区酸雨危害,保护地球生态环境,而且因大气凝结核的增多而使下游地区降水量增加。日本观测研究认为,黄沙作为日本过冷却云的冻结核,对形成降水起到重要作用。另外,黄沙冰晶核带有碱性,对防止日本酸雨的产生起着积极的中和作用。

近年来,中国随着西部大开发战略的实施,西北各省(区)正在进行退耕还林、绿化西北的重大工程建设。这将使西北地区植被覆盖率增加,沙漠荒地减少,从而改善下垫面状况,从长远来看,将使沙尘暴的发生得到一定的遏制。但是,要让西北广阔的沙漠化地貌得到根本改变,尚需几代人的不懈努力,而沙尘暴发生的动力和热力条件,特别是动力条件属于自然因素,人为力量是无法控制的,所以说沙尘暴的发生是不可避免。

沙尘暴防灾减灾应当做好以下四个方面的工作:其一,必须深入研究沙尘暴发生发展的机制,完善和改进沙尘暴的监测手段,提高沙尘暴的监测预警预报水平。其二,加大退耕还林和绿化西北生态环境建设。在减少人为环境破坏的基础上,建立节水型社会体系,努力提高水资源利用率。其三,加强《防沙治沙法》、《森林法》、《土地法》等普法宣传教育工作,努力提高广大群众生态观念和环境保护意识,使建设小康社会与合理开发利用资源相结合。其四,加强群众防灾减灾科学普及工作。平时要注意收听沙尘暴预报警报,提前做好各项安全防御措施。

干旱与绿洲

绿洲(Oasis)源自拉丁文,本意指利比亚荒漠中肥沃的土地,后来泛指荒漠中可居住且有水的地方。在干旱、半干旱荒漠地区有地表径流通过或地下水出露,地势相对平坦且由土状物质组成的地段,在天然状态下植被发育良好,经过人工开发从事种植业、林业、畜牧业、兴建工厂和城镇建设后,即演变为绿洲。

绿洲是干旱、半干旱气候区人类赖以生存的家园。绿洲是与荒漠化相伴生的一种景观,它随荒漠大致呈条带状集中分布于地球的南北回归线上,由于这一地区处于副热带高气压控制区内,下沉气团因绝热增温而变干,因而降雨稀少,故而发育了热带-亚热带绿洲类型;另外,在亚洲和北美洲内陆 30°～50°N 范围内,或因海岸山丘背风坡的雨影效应,或因远离浩瀚的海洋,气候干燥、降水稀少,植被稀疏,发育了大面积的内陆沙漠戈壁,同时亦形成了温带沙漠绿洲。

绿洲景观的形成是干旱气候、水文地貌和人类活动等诸多因素综合影响的结果,多数天然绿洲通过人类开发使其逐渐演变成了人工绿洲。在沙漠戈壁里散落的翡翠般的绿洲,水是绿洲生态环境和经济社会发展的命脉,长期以来依赖冰川雪山的溶水所形成的河流、湖泊等水源,滋润和养育了"世外桃源"的绿洲人类。研究发现,绿洲生态环境十分脆弱,其规模大小与两条河流间距、流量及引水规模大小有关。一般河流间距越小、流量及引水规模越大,所形成连片成带的绿洲生态体系相对越稳定。

中国属于温带沙漠绿洲,集中分布于贺兰山以西,祁连山北部及以西的干旱气候区。这里地处内陆腹地,距海遥远,周围被戈壁、沙漠所包围,主要依赖西北天山、昆仑山、祁连山等高山冰雪融水,山区降水形成的径流或外流域输送的地表水、地下水维系绿洲的命脉。其中天山山区年降水量为 400~500 mm,祁连山山区年降水量为 200~600 mm,每年通过 428 条内陆河流,为山前平原地区提供约 787 亿 m³ 的出山径流量。

中国绿洲气候干燥,年平均降水量在 100~200 mm 以下,最少的吐鲁番绿洲仅 16.6 mm,蒸发量却在 2000~3000 mm 以上。绿洲具有良好的气候条件,如太阳辐射强,光合生产潜力大,热量资源丰富,昼夜温差大,农作物产量高、品质好等,充沛的阳光和风力是这里"取之不尽,用之不竭"清洁廉价的能源。大部分绿洲总辐射量达 6000~6600 MJ·m^{-2},日平均气温 10 ℃ 以上的积温为 3000~4000 ℃;昼夜温差为 10~20 ℃,最高达 40 ℃,因此有"早穿皮袄午穿纱,围着火炉吃西瓜"民谚。但是,绿洲还容易遭受干旱、干热风、大风、沙尘暴、霜冻等气象灾害的影响。

西北地区的绿洲已成为中国重要的粮食、棉花、油料、糖料、瓜果等生产基地。中国绿洲的开发历史悠久,河西绿洲开发可远溯于汉武帝元年,新疆、宁夏等少数民族开发绿洲的时间甚至更早。额济纳旗在《汉书·地理志》中被称为"弱水流沙"的居延泽,是内蒙古西部惟一的大河,发源于甘肃的祁连山的黑河,千万年来,在戈壁中滋润出一片狭长的绿洲,哺育了额济纳。

绿洲是自然资源演变及人类活动共同作用的结果。因此,绿洲的兴衰存亡直接取决于人类对自然资源利用的合理程度。当人类活动的影响程度超过了其承受能力,绿洲生态环境就会遭到破坏。由于绿洲生态环境的脆弱性、不稳定性、难以控制性等演变特点,决定了绿洲生态环境抵御自然灾害以及人为破坏的能力极其有限,而且一旦绿洲生态环境遭到破坏,一般是很难恢复的。《汉书》记载的西域36国里,塔里木盆地在沙漠的周围曾经有过一些绿洲。现在许多绿洲小国早已不复存在,他们的家园被覆盖在厚厚的沙漠中。这些绿洲小国的消亡,除了干旱气候变化的原因外,主要是人为破坏生态环境所致。人类无知的大规模地毁林开荒,超负荷地放牧,造成土地沙化,河水渗漏,以至断流或消失,沙漠化等生态问题已十分突出,如不及时采取有效的防御措施,将严重威胁绿洲的稳定和经济的持续发展。

现如今,在距离宁夏银川市12 km的贺兰山东麓,1993年以前还是沉睡千年的荒漠、戈壁,现在是一望无际绵延200多km,总面积达3689 km² 郁郁葱葱的绿洲,毛白杨和枣树等生态、经济树种间隔着蓖麻、苜蓿等草类。在嘉峪关外浩瀚的大漠戈壁深处,有个被称为"世界风库"的绿洲安西县。据安西旧县志记载:大风最多的年份,年刮风达140多天,瞬时风速高达17 m/s,大风常常带来沙暴和浮尘天气,年平均沙暴13.7 d,浮尘日29.3 d。据专家考证,从唐代至今的1200年间,其境内就有37座城池被风沙埋压变成了废墟。饱尝风沙危害之苦的安西人经过半个世纪努力,已经在大风沙口上营造网格状的防护林带4268条,总长达2388 km,封滩育林面积达到80万hm²,恢复草场2万hm²,绿洲森林面积达到4.5万hm²,植被覆盖率由8%提高到了40%。在新疆南部沙漠边缘由于高山降水和融雪形成一处处绿洲,自古以来是农业定居民族的美丽家园。2000年8月,新疆地矿局第二水文地质大队在距罗布泊湖心以东106 km处成功打出一口自流水井,被称为罗布泊2井。该井距罗布泊湖心距离比1998年3月在阿其克谷地打出的1井近34 km。2井深250 m,日出水量2100 m³。水体达国家工业用水标准,稍加处理即可达到国家饮用标准。该井打出三天就在该处形成了一片200 m²至300 m²的人工湖。新水源地的发现,将发生天翻地覆的变化,一个新绿洲的诞生将改写罗布泊的明天。

　　研究发现,沙漠戈壁的绿洲之所以长期存在,除了依赖稳定的水源供应外,还得益于"绿洲冷岛效应"的独特小气候。绿洲相对于周围环境,它在近地面数百米以下的边界层内,昼夜形成冷湿气流,而绿洲外的沙漠戈壁上空则是热干气流。绿洲的这种低温、高湿气流与沙漠高温、干燥气流的相互作用,可产生局地大气环流,这种局地大气环流将沙漠地区上空的热空气输送到绿洲上空,从而在绿洲上空形成稳定的逆温层。正是逆温层的作用,使绿洲低空冷凉和潮湿的空气得以稳定保持,减轻了地面蒸发和植物蒸腾,不至于使绿洲受到沙漠戈壁里高温酷暑和极端干燥气候的影响,才形成有利于绿洲内植物生长的相对冷湿小气候生态环境。另外,在绿洲下游与沙漠边缘地区由于存在大的温度和湿度差异,则有利于降水的形成,但是处于沙漠下游的绿洲相对于整个绿洲而言,降水偏少。

　　要保持绿洲社会经济发展与生态环境的和谐统一,首先,必须在提倡科学用水,节约用水的同时,积极发展滴喷灌、地膜覆盖、阳光温室、沙产业、无土栽培等新型农业技术。其次,还要大力保护水源,合理开发利用地下水资源,防止过度超采地下水造成地下水位下降、矿化度提高,绿洲退缩等生态环境恶化,调整优化产业结构,合理地调整粮食作物与经济作物的比例,实行间作套种,发展地区名优经济作物如哈密瓜、白兰瓜、葡萄、长绒棉、甜菜、籽瓜、枸杞等,以此推动高产值产业的发展。

干旱与城市污染

　　干旱气候对城市污染的影响中,主要有空气污染和水污染。大气降水是城市淡水的主要来源。水资源的短缺意味着生命受到威胁,世界绝大多数城市在缺水的同时,每年约有 4200 多亿 m^3 的污水排入江河湖海,污染了 5500 亿 m^3 的水体。中国大部分地区位于东亚季风区,特殊的地理位置使中国水资源在时间和空间分布上极不均匀。每当中国出现严重的高温干旱天气,自然降水减少时,一般河流来水量也会急剧减少甚至断流。例如黄河 1972 年发生第一次断流,1985 年后几乎年年断流,1997 年断流天数达 227 天。河流来水减少和城市周边地区长时间干旱少雨,往往造成大面积地下水位下降,引起水质恶化和大量有害物质增加,甚至造成严重污染,从而威胁人们的生命安全。

空气污染物主要有两类,即颗粒状污染物和有害气体。颗粒物污染按照颗粒物粒径大小,可分为降尘和飘尘。降尘是指大气中粒径大于 10 μm 的固体颗粒物,由于重力作用容易沉降,在空气中停留时间较短,在呼吸作用中又可被有效地阻留在上呼吸道中,因而对人体危害较小。飘尘是指大气中粒径小于 10 μm 的固体颗粒物,能在空气中长时间悬浮,易随呼吸道沉积于肺泡,可引发慢性呼吸道炎症、肺气肿等疾病,因而对人体健康危害较大。

随着工业化、人类活动所排放的大量污染物,以及干旱气候引起的沙尘物质,加剧了城市空气污染。全世界每年向大气中排放的污染物达 8 亿 t 以上,长期干旱气候条件下形成的大风、沙尘暴天气所产生的沙尘,是重要的城市空气污染物之一。如 1993 年 5 月 5 日特大沙尘暴,使甘肃金昌市室外空气中含尘量为 1016 $g \cdot m^{-3}$,室内 80 $g \cdot m^{-3}$,均超过国家标准 40 倍。2002 年 3 月 20 日北京市总悬浮颗粒物也超过国家标准 40 倍,降尘量为 29 $g \cdot m^{-3}$,如果市区面积按 1040 km^2 计算,总降尘量就达 3 万 t。据分析,沙尘暴天气所经过的城市空气质量会恶化 2 到 5 倍,瞬间可达到数十倍。沙尘天气形成的空气污染能诱发过敏性疾病、流行病及传染病。通常情况下,人的鼻腔、肺等器官对尘埃有一定的过滤作用,由于沙尘暴天气带来的细微粉尘过多过密,如果长时间吸入大量的沙尘,就会出现咳嗽、气喘等多种不适症状,导致流行病发作。

有害气体主要有二氧化硫、一氧化碳、氟化氢、氯化氢等。大气中的二氧化硫 57% 产生于自然界,因过度分散,局部浓度不大,就不会造成危害;相反,43% 来自工业生产等人为的污染,由于其发生源集中,浓度高而构成大气污染。城市工业和生活用煤是二氧化硫的主要来源。二氧化硫对眼、鼻、咽喉和呼吸道有强烈刺激作用,使嗅觉和味觉减退,产生萎缩性鼻炎、慢性支气管炎、眼结膜炎和胃炎。急性中毒则可出现喉头水肿、肺水肿以至窒息死亡。美国多诺拉事件和 1952 年 12 月英国伦敦发生的光化学烟雾,造成 4000 人死亡事件,都是二氧化硫惹的祸。

全世界有 2 亿多辆汽车,每年汽车废气中排出的总铅量达 40 万 t,已成为大气中铅的主要污染来源。中国机动车最多的是北京,已从 1986 年的 26 万辆增加到目前的 110 万辆。汽车尾气污染可以造成感觉、反应、理解、记忆力等机能障碍,重者危害血液循环系统,导致生命危险。

具有"死亡降水"之称的酸雨,是指由于受酸性气体污染所形成的酸性降水($pH \leqslant 5.6$)。煤炭燃烧排放的二氧化硫和机动车排放的氮氧化物是形成酸雨的主要因素;其次,干旱气候和地形条件也是影响酸雨形成的重要因素。降水酸度 pH 小于 4.9 时,会对森林、农作物和材料产生损害。

近年来,由于二氧化硫和氮氧化物的排放量日渐增多,酸雨的问题越来越突出。现在中国已是仅次于欧洲和北美的第三大酸雨区。20 世纪 80 年代,中国的酸雨主要发生在以重庆、贵阳和柳州为代表的川贵两广地区,酸雨区面积为 170 万 km^2。到 20 世纪 90 年代中期,酸雨已发展到长江以南、青藏高原以东及四川盆地的广大地区,酸雨面积扩大了 100 多万 km^2。以长沙、赣州、南昌、怀化为代表的华中酸雨区现已成为全国酸雨污染最严重的地区。另外,华北、东北的局部地区也出现酸性降水。1998 年,全国一半以上的城市,其中 70% 以上的南方城市及北方城市中的西安、铜川和青岛都下了酸雨。酸雨在中国影响面积已占国土面积的 30% 以上。酸雨对中国农作物、森林等影响巨大,仅江苏、浙江等 7 省酸雨而造成农田减产约 1000 万 hm^2,年经济损失约 37 亿元;森林受害面积 128.1 万 hm^2,年木材损失 6 亿元,森林生态效益损失约 54 亿元。

空气污染还对农、林、牧业的危害也十分严重。一般植物对二氧化硫的抵抗力都比较弱,少量的二氧化硫气体就能影响植物的生长机能,发生落叶或死亡现象。在一些有色金属冶炼厂或硫酸厂的周围,由于长期受二氧化硫气体的危害,树木大都枯死。工厂排出的含氟废气除了污染农田和水源外,对畜牧业也有很大的影响。空气污染对全球气候也有影响,如二氧化碳等温室气体增多会导致地球大气变暖,引起全球灾害性天气增多。烟尘等气溶胶粒子增多,容易使大气混浊度增加,能减弱太阳辐射,影响地球长波辐射,可导致天气气候的异常变化。

第十二章
干旱对经济社会发展的影响

干旱与种植业

干旱对人类生产活动最明显、最直接的危害就是对农业生产带来的严重灾难,这一灾难早在四千年前的中国古代就已出现并对人类的社会经济活动造成严重影响。尤其是中国北方频繁出现的旱灾,造成粮食作物的大面积减产,给人民带来苦难。1949年以来,干旱发生的频率仍然很高。1960年发生在北方的春夏严重连旱,使小麦整个生育期都缺水。1961年旱情稍有缓和,1962年又趋恶化,华北、西北大面积春夏连旱,很多地方由于干土层深厚而无法播种,勉强播种的很多又不能出苗,出苗的也被旱死,严重的干旱使农业大幅度减产。2002年,华北、山东等地又出现百年不遇的特大旱灾,三季连旱造成农业生产的毁灭性损失。

甘肃的河东是雨养农业区,农作物丰歉受

干旱气候变化的影响很大。从 1949 年以来的粮食丰歉情况看,大歉年基本上从前一年秋季到当年夏季降水都是偏少的,而大丰年的降水则基本上都是全省偏多的。上一年 7 月中、下旬到 11 月,当年 3 月到 5 月的降水对以冬、春小麦为主的夏粮生产有重要影响,伏、秋旱除影响冬小麦播种质量和冬前正常生长外,还会因农田蓄墒不足,直接影响冬小麦返青后的生长。例如 1991 年伏秋连旱,冬小麦播种质量差,大部分地方冬前未达到壮苗,弱苗越冬,造成 1992 年的夏粮减产。春旱、春末初夏旱影响春小麦播种和冬、春小麦需水关键期以及秋粮正常生长。夏旱,特别是伏旱对玉米生长影响很大,如月降水量少于 70 mm 将出现"卡脖子旱",产量会受到影响。伏旱还对小秋作物的播种出苗影响很大,例如 1995 年和 2000 年都是由于严重的春旱连春末初夏旱,造成夏粮严重歉收;2000 年 7 月份降水偏少,气温特高,出现严重伏旱,影响了大、小秋作物的正常生长。

为什么干旱会对农业生产造成严重灾害,还需要从作物的生理特性说起。

水是植物体的重要组成部分,在植物的生命活动中有着十分重要的生理作用。干旱危害作物是因植物体的水分平衡遭到破坏所致。植物主要是通过根从土壤中吸收水分,靠体内的输导系统把水输送到各个组织中去,其中只有很少的一部分用于构成新组织,绝大部分水都要通过叶片蒸散到空气中去。水从土壤进入植物体,又由植物进入空气中,参加了土壤—植物—大气系统的物质和能量交换,其间水是有顺序地运动的。植物体的水分状况是由水分收入和支出这两方面决定的。如果土壤缺水,根系吸收的水分少,而叶片蒸腾的水分较多,植株体的水分收支失去平衡,就会发生水分亏缺,造成干旱危害。同样,如果空气蒸发力大,蒸腾消耗的水分很多,而吸收的水分不足以补偿这种支出,植物也会发生水分亏缺。

植物水分亏缺,细胞膨压下降到零时,叶片就会出现萎蔫。萎蔫可分为暂时萎蔫与永久萎蔫两种。土壤有效水分低到一定程度时,由于中午前后空气温度高,相对湿度小,太阳辐射强,植物蒸腾量大,根系吸收的水分补偿不了蒸腾的支出而发生萎蔫,但到了下午或晚上,蒸腾减弱时,水分收支能够实现平衡,植物又恢复正常,这种萎蔫叫做暂时性萎蔫。在土壤中有效水分的含量很少时,植物不但中午萎蔫,而且在晚上也不能恢复常态,则称为永久萎蔫。萎蔫是植物对干旱的适应性反应。当植物体内水分亏缺时,叶片的护卫细胞膨压变小,气孔关闭,降低蒸腾作用,能在一定程度上调节体内水分收支,减轻缺水对植物的伤害,但是萎蔫,特别是永久萎蔫会使植物发生一系列伤害。

在旱作农业区,降水偏少是决定干旱严重程度的主要因素,但一年之中降水量在时间上的分配也是非常重要的。作物生育的不同阶段对缺水的敏感性各异,有的生育阶段受旱对最终产量影响不大,而有的生育阶段缺水会造成严重减产。这种对缺水特别敏感的时期称为作物需水临界期。需水临界期一般都在生殖生长期,水稻在孕穗至开花期,小麦在拔节至孕穗期,玉米在孕穗至乳熟期,高粱、黍在抽穗至灌浆期,豆类、荞麦、花生在开花期,向日葵在花盘形成至灌浆期,马铃薯在开花至薯块形成期,棉花在开花至幼铃形成期。这一临界期植物细胞的原生质粘度和弹性降低,作物抵抗干旱的能力减弱,新陈代谢增强,需水量增加。如果这个时期缺水,新陈代谢会严重紊乱,生长受抑制,最终表现为穗小、粒少、粒小,产量显著降低。在采取防旱抗旱措施时,如果是在作物的需水临界期进行补灌,则能产生事半功倍的效果。

各种作物产量除与一定时段的降水总量有关外,还与降水的分布状况有直接关系。如果在时间分布上降水场次均匀,特别是在作物需水临界期和需水量最多的时期适时、适量降水,在空间分布上降水的范围广,地域分布均匀,将有利于作物产量的提高,反之则会出现农业干旱,影响作物生长。例如甘肃省各地2000年6月份的月总降水量并不少,看似没有旱情,但是由于降水主要集中在6月25日前后一场雨,降水在时间分布上的极不均匀导致春末初夏旱情的持续和发展。而1992年伏秋至1993年,则是气候条件有利于农业生产的典型年份。1992年伏秋降水偏多,冬小麦播种质量好,冬前苗壮。1993年开春后降水偏多,有利于冬小麦的返青生长及春耕播种,5月及夏季降水偏多,保证了夏、秋粮作物的顺利生长。由于前一年伏秋降水偏多,春、夏又多雨且降水场次、地域分布较为均匀,使1993年成为当时历史上出现的粮食最高产年。

干旱与畜牧业

干旱对牧业生产的影响是多方面的,主要是影响牧草的正常生长,使牲畜得不到足够饲草因而不能正常生长发育。在春旱的年份,天然牧草的正常返青和人工牧草的播种、出苗将受到影响,导致青草期缩短。据分析,凡是发生春旱的年份,牧草返青期比正常年推迟 10~15 d,重旱年份可推迟 20~30 d,而且春旱越严重,持续时间越长,返青期越迟,危害程度越重。

夏季是牧草产量形成的关键时期,6~7月份降水量的多少与牧草产量的相关密切,此时,遇有夏旱发生,往往导致牧草产量降低,品质变劣。如果发生连续干旱,将加剧草场退化和草原土壤沙化的进程,同时对人工草场建设、天然草场的改良带来影响,还可以造成牧草的大幅度减产,影响当年家畜的抓膘和冬季饲草的储备。例如,1978年青海省的托勒牧场 200 多 hm^2 的人工草场,因长期干旱无雨,加之多风沙天气,出现了严重的春夏连旱天气,使得该场的人工牧草重种多次,直到8月8日尚不能出苗。

冬春少雪、夏季干旱,将使地下水位下降,湖泊、泡子水面缩小,泉水枯竭,河水断流,窖池蓄不上水,牲畜饮水困难。在中国牧区无水草场和缺水草场,在牧草生长季内,均因无法供应人、畜饮水而不能被有效利用,往往要等到冬季形成适量而稳定的积雪以后,才能成为可利用的冬季牧场。在此类牧场,如果从冬季到初春因积雪少或无积雪,家畜吃不上雪受渴造成危害,这样所形成的旱灾通常称之为"黑灾",这种旱灾仅局限于无水草场被选作冬春牧场时才有可能发生。

在牧区,春旱年份天然草场牧草的正常返青和人工牧草的播种、出苗将受到影响,从而导致青草期的缩短。资料分析表明,凡是发生春旱的年份,牧草返青期比正常年推迟 10~15 d,而且春旱越严重,返青期越迟。夏季是牧草产量形成的关键期,如有夏旱发生,往往导致牧草产量降低,品质变劣,适口性差。

据测定,当畜体内水分减少 8% 时,家畜会出现严重的干渴感觉,食欲减退,对疾病的抵抗能力降低;当体内失水 10% 时,就能导致严重的代谢紊乱;畜体内失水 20% 以上,即可引起死亡。据对宁夏自治区的盐池县调查,一般年份羊只春乏死亡率仅为 6.7%,1975 年发生大旱,羊只体质乏弱,1976 年春乏死亡率高达 35%。同时干旱年份的绵羊肉产量比正常年景减少 15%~18%。总之,干旱不但危害牲畜的生死存亡,同时也影响畜产品的产量高低。

干旱与林业

干旱,尤其是长期的干旱,将会影响林木的正常生长。林木生长期内的降水量与树木直径的生长存在正相关,与高度生长的关系则比较复杂。因为树木当年的生长高度不仅受当年生长期内降水的影响,而且与前一年的降水情况有关,视不同树种而异。油松、栎等树种的年高度生长停止较早,故春季降水作用显著,而落叶松、水杉、杨树等整个生长期内几乎是不停的生长,所以夏秋降水也影响其生长。尤其像落叶松这样的树种对干旱很敏感,夏季的干旱少雨会引起苗木顶芽提早形成,高度生长随即减弱。据观测,在一定范围内,落叶松的生长随降雨量的增加而增快,红松常常在降雨以后出现生长高峰;水杉也随年降水量的高低而生长量呈正相关。对于不同发育时期的树木,降水强度与持续期的意义不同。花期连续的阴雨天气将影响开花和授粉,果实成熟前降水过多将推迟成熟时期,薄皮的果实还会因此而裂果,降水太少导致干旱出现进而将会引起落花落果。

森林火灾的发生与气象条件关系密切,火灾高峰期总是发生在干旱季节或长期的持续干旱以后,因为这时空气干燥,可燃物含水量低,最易引燃。因此气象部门从气象因子的角度做好森林火险预报意义重大,对于森林防火工作可以起到重要的指导作用。

干旱与旅游

中国西北干旱、半干旱地区不仅拥有丰富的石油、天然气和矿产资源,更有着许多景色宜人的自然风光、许多人类文化遗产和名胜古迹,那里的气候和水土养育出他们勤劳、淳朴和热情好客的性格,去那里旅游是大家盼望已久的心愿。

中国地域辽阔,多样性的气候条件和复杂的地质地理条件,形成了种类繁多的地质遗迹,包括各种丹霞、沙漠、冰川、绿洲等奇特的自然景观。这些自然景观有着极为重要的科学价值和观赏价值,是宝贵旅游资源。虽然中国干旱、半干旱面积的83%集中分布在西北地区,但是那里早已不像过去传说的黄沙满地,"山上不长草,风吹石头跑","春风不度玉门关"的荒凉景象。其实,沿银川、兰州以西干旱、半干旱区长期以来依赖天山、昆仑山、祁连山等冰川雪山溶水所形成的河流、湖泊等水源,滋润和养育了翡翠般的绿洲生态环境,也形成了良好的天气气候条件。例如兰州就有"夏无酷暑,冬无严寒",夜雨多于白天的独特气候。兰州年平均温度9.1℃,最热的7月为

22.2℃,最冷的1月为零下6.9℃,汛期夜雨约占总降水量的67%,真是比四川巴山夜雨还要多。西北更有"大漠孤烟直,长河落日圆"般绚丽的气候景观。

旅游就要到西北,因为那里既有丝绸之路沿线的秦始皇陵、麦积山、敦煌莫高窟、藏传佛教圣地塔尔寺和拉卜楞寺等极具吸引力的人文古迹,又有一望无际的沙漠戈壁、巍峨高耸的冰川雪山、天苍苍野茫茫的大草原、翡翠般美丽的绿洲等雄浑奇异的自然风光,更有那能歌善舞、豪放好客的蒙、回、藏、维吾尔、哈萨克、裕固、东乡族等民俗风情,以及节庆游、民俗风情游、瓜果之乡游、古城遗址游和颇具特色的生态旅游已成为一道亮丽的风景线。

宁夏沙坡头可以欣赏到古今中外人类防沙治沙的经典杰作——沙漠与绿洲和谐共存;在嘉峪关外,可以见到常年受偏东大风影响而不挠不屈向西匍匐的大树;在甘肃、新疆和内蒙古可以看到气候变迁的活化石——胡杨树。胡杨树的历史要追溯到1.3亿年以上,传说胡杨树生三百年,死三百年,朽三百年,这些千年古树生活在年降水量只有20多mm,而蒸发高达百倍以上的绿洲,可见这些英雄树的生命力是多么顽强。那挺拔苍劲、蔚为壮观的胡杨林,仿佛在向人们展示着祖国边陲的繁荣和辉煌,讲述着美丽动人的故事。沙漠里的胡杨树,那高大的躯干虽然早已干枯,却依然迎风昂首,似在等待觉醒的人类去恢复她灿烂的昨天。这些活生生的事实说明,气候会影响人类的生产和生活,相反,人类的活动也会影响气候变迁。世界上任何一个地方生态环境的恶化,都会引起气候异常,如干旱、暴洪、冻害、冰雹、沙尘暴等,这些极端天气气候足以给人类社会带来毁灭性的打击。如果人类重视了对环境的保护和科学的利用,有计划、有步骤的对环境进行改造,例如西部退耕还林草工程、"三北"防护林工程,长江上游生态环境保护,沙漠化土地治理等建设,都会逐渐改善和恢复当地的气候,使其向良好的趋势发展,减少异常气候事件的出现频率。

如果你喜欢探险,一定要在专家的指导下,去探询"西夏王陵"、"楼兰古国"、罗布泊大漠昔日的繁荣,也可以去领略碧波浩淼的天池、青海湖风光,考察祁连山、昆仑山冰川的变迁,了解甘肃从2001年开始向蜿蜒千里的黑河流域下游放水以后,如今额济纳旗的居延泽再现波浪滔滔和绿洲草原的新变化。如果你有幸到过酒泉卫星发射基地、白银公司、金昌镍都、刘家峡和龙扬峡水库、西安、兰州、西宁、乌鲁木齐等现代化城市,你一定会为生活在那里的人民所创造的丰功伟绩而感到自豪,奇特的气候也一定会给你留下永生难忘的记忆。

踏着公元前139年,张骞出使西域的线路,当你来到敦煌莫高窟,一定会看到创建于前秦建元二年(公元366年),历经北凉、北魏、西魏、北周、隋、唐、五代、宋、回鹘、西夏、元各个朝代,形成南北长达1680 m,492个壁画石窟群。这是迄今世界上规模最宏大、历史最久、内容最丰富、保存最良好的佛教遗址,精美的彩塑与壁画具有珍贵的历史、艺术、科技价值。丝绸之路的兴盛,使敦煌成为中国历史上率先向西方开放的地区,各国使节、商贾、学者、僧侣、艺术家等各色人群,把古老的中国文化、印度文化、埃及文化和希腊文化交融汇聚起来,百折不挠地传播着文明和友谊,追寻着理解与和平。翻开敦煌的历史,每一页都闪现着中华民族坚忍不拔、自强不息、积极进取的精神之光。

在新疆罗布泊气候变迁的"陈列馆"里,可以观赏到3000 km^2的中国第二大雅丹地貌分布群,包括三陇沙雅丹、巨龙堆雅丹、龙城雅丹和楼兰雅丹地貌。大自然通过长期风蚀、日晒、寒侵、雨剥的细缕精雕,使其原有地表形成了千姿百态,气象万千,蔚然壮观雅丹地貌,不愧为罗布泊千古一绝。而罗布泊自身,却因它曾经的广袤无垠、几度的飘渺于世,虽然早已消失,但仍吸引着无数中外游人前往旅游考察的兴趣。

吐鲁番,年降水量只有16.6 mm,空气异常干燥,阳光充足,太阳辐射强,蒸发强烈,相对湿度为40%以下,4月下旬就出现过40℃以上的高温天气,尽管存在灼热干焦的气候劣势,然而吐鲁番人发明的地下灌溉系统,犹如迷宫般巧夺天工"坎儿井"能将冰雪融水和自然降水输送到绿洲农田,这种浇灌方式既培育出丰收的农作物和驰名中外的各种葡萄、哈密瓜等瓜果,厚厚的沙土隔热作用,也防止了水分蒸发。这种独特的农业灌溉系统堪称世界一绝。

最后,让我们在吐鲁番境内的火焰山前结束这次干旱气候区的旅游吧。火焰山,在亿万年间地壳横向运动时留下的无数条褶皱带,以及大自然风蚀、雨剥形成的起伏沟壑在阳光照耀下,赤褐色的砂岩闪闪发光,炽热的气流滚滚上升,形成云烟缭绕,犹如大火烈焰腾腾燃烧的自然景观。火焰山神奇的地貌、独特的物产、众多的文化遗址令人陶醉。《西游记》中孙悟空三借芭蕉扇等优美的传说,至今脍炙人口,令人浮想联翩。

干旱与人类社会活动

人类的发展史,其实是一部不断向大自然索取能源、资源、食物的历史。从人类诞生的那天起,就已在大自然无私的供给中有幸生存繁衍至今。然而,长期以来人类给予自然的回报,是向自然界过度的索取、滥砍滥伐,毁林造田,战争破坏,环境污染等,不堪重负的人类家园,良田沃土、青山绿水正在渐渐的消失,全球气候变暖,干旱、沙漠化、沙尘暴、空气污染等灾难日趋严重。

在自然灾害中,干旱是影响区域最广、发生最频繁、持续时间最长的气象灾害,全世界受干旱危害的人数也最多。因此,干旱历来是一个世界性的问题。在非洲由于连续几十年的干旱,使苏丹、埃塞俄比亚以及广大的撒哈拉地区数百万人民死亡,就是在欧亚大陆、澳大利亚和南美的不少地区也经常遭到干旱的威胁。据统计,全世界每年约有 2.5 万人丧生于自然灾害,财产损失约为 500 亿到 1000 亿美元之间。

气候的变化与天体的活动、地球的运动,以及大气圈、水圈、岩石圈、冰雪圈和生物圈的变化有关。长期的气候变化,即使变化比较缓慢,也会使生态系统发生本质性的改变,使农作物布局和生产方式完全改观,从而影响人类社会的经济生活。一旦气候变化异常,所引起的干旱、洪涝、冻害、冰雹、沙尘暴、高温酷暑等灾害性天气,足以给人类社会带来毁灭性的打击。古今大量的事实表明,每当气候风调雨顺时,干旱区农业经济发展,人民生活稳定,社会繁荣昌盛。

例如,在公元前 3000~1000 年的温暖时期,竹类植物广泛分布在黄河流域以及东部沿海地区;安阳殷墟发现有水牛和野猪等热带亚热带动物;甲骨文记载打猎时获得一头大象,表明殷墟的化石象是土产的,河南原称豫州就是一个人牵着大象的标志。商、周时代,梅子是北方人民重要的日常食品。《诗经》说:"若作和羹,尔唯盐梅",可见当时梅子和盐一样重要,是做菜不可缺少的佐料。

秦汉时期气候比较温暖,《史记》记载当时经济作物的地理分布是"桔之在江陵,桑之在齐鲁,竹之在渭川,漆之在陈夏"。可见当时亚热带植物的地界比现在更加偏北。在先秦到西汉以前,中国丝织业布局是北丝南麻,丝织业绝大部分在黄河中、下游和冀中平原,当时最大的丝纺业中心在河北定县,其他较小的中心也都在河北,河南和山东一带,长江流域及南方各地则主要生产麻织物;西汉时期,蜀中仅以产麻布著名。虽然在东汉到魏晋以后,中原地区战乱频繁,经济下降剧烈,南方各地社会生活则相对安定,丝织业有所发展,可是北丝南麻的布局一直维持到隋唐时代。隋唐时期丝绸之路的出现,与当地气候温和、经济繁荣和社会稳定有一定关系。

建于 5 世纪初期的西夏国都统万城,今天已被掩埋在毛乌素沙漠里。史料显示,当时的统万城是肥沃的土地,有充足的淡水。中晚唐时期的频繁战争造成巨大破坏,森林被烧毁,天然草场被战马践踏,农田被抛弃,荒废的灌溉沟堆满了冬季季风带来的沙子。到公元822年,大风的日子里,沙丘已经变得和统万城的城墙一样高了。

700多年前,马可·波罗来到甘州(今张掖)居住一年之久,他惊羡于当地的富庶与繁华,流连忘返。那时,这条著名的丝绸之路上分布着众多的世界级大城市,汉王朝先后设立的"河西四郡"——武威、张掖、酒泉、敦煌,在海运兴起之前的汉唐时期,它们是"威宣中外"的国际中心城市,大批西方商人聚居于此。开放的国际贸易使它们富甲天下。

通过前面的介绍,我们都会为干旱地区曾经的璀璨与辉煌所震撼。但同时,也为那里现在的沙漠化又让人不禁疑惑,是什么改变了这一切?答案只有一个,那就是每个国家和地区的人们应当非常珍惜地球环境,在科学合理开发利用自然资源的同时,一定要重视生态环境的保护、恢复和发展,只有这样才能实现逐步改善气候环境,减少干旱气候对人类社会活动的影响。

最近几年,新疆天山南北降雨明显增多。北疆和天山山区年平均降水量分别比1961年和1990年的平均值增加了约6.9%和3.6%,南疆增加了21.2%。降雨增多,有利于干旱区植被的恢复和扩大,也有助于绿洲农牧业生产力的提高。玛纳斯湖流域,在干涸了近半个世纪之后,如今这里又呈现出湖水荡漾,水草丛生、飞鸟翔集的壮观景象。在它附近还有七八个大小湖泊正在沙漠腹地扩展,形成了面积达上百km^2的湿地,多年不见的黄羊、野兔和狼开始在附近出没。科学家认为这都是退耕还林和气候转型相互作用的结果。气候变化是个渐变过程,只有不断地扩大林草覆盖面积,不断地涵养水源、恢复生态,才能最终驯服气候,实现"再造秀美山川"的宏伟目标。

第十三章
干旱与可持续发展

可持续发展不仅满足当代人的需求、而且不损害子孙后代满足其需求能力的发展;它既符合本国利益、又不损害他国利益的发展,即可持续发展意味着走向国家公平和国际公平的原则。可持续发展不仅包括经济,也包括社会生活、环境、资源等各个方面。良好的环境和生态系统平衡是经济和社会可持续发展的前提。

干旱灾害与可持续发展

气候灾害通常是指由于大范围、持续性的气候异常所造成的灾害。干旱是一种气候灾害。它是影响可持续发展的重要因素之一。中国是世界上自然灾害最严重的国家之一,自然灾害种类多、频率高、强度大、范围广,所造成的损失非常严重。在各类自然灾害中,气象灾害占70%以上。气象灾害中又以干旱造成的经济损失最为严重,中国每年旱灾面积 2666.7 万 hm^2,占各种气象灾害使农田受灾面积的三分之二;每年受干旱等重大气候灾害影响的人口达数亿之多;每年因气象灾害造成的经济损失达 1300 多亿元,约占当年国民生产总值的 3%~6%。而且随着经济的发展和人口的增长,干旱所造成的损失绝对值还呈明显增大的趋势。干旱灾害问题,直接关系到局地乃至国家范围的区域可持续发展能力建设。抗旱减灾在保障国家社会经济的可持续发展方面,任重道远。

在中国出现频率最高、影响范围最广、对农业造成损失最大的是干旱灾害。它是一种持续型的气象灾害。在干旱出现初期,人们并不能感到它的到来,但时间愈长,受旱面积愈大,严重程度与日俱增。旱灾是一种渐进性的灾害,特别严重的旱灾影响范围极广,损失也特别严重。

近五十年来,甘肃省共发生严重干旱年 13 次,而 20 世纪 90 年代就出现了 6 次,分别是 1991、1994、1995、1997、1999 和 2000 年。特别是 1995 年和 2000 年最为严重,1995 年出现春旱、春末初夏旱、伏旱,甘肃省陇东地区 3~6 月降水偏少 3~8 成,0~50 cm 土壤墒情在 40% 以下,干土层达 8~20 cm,部分地方达 30 cm 左右,对农业生产影响很大,全省粮食受旱面积达 187.06 万 hm^2,占全省粮食面积的 63.9%,粮田失种面积达 15.34 万 hm^2。2000 年甘肃全省大范围的春至初夏干旱严重,旱段时间 80~110 d,降水偏少 2~8 成。据不完全统计,全省因干旱造成 33.13 万 hm^2 农田受灾,成灾面积达 13.93 万 hm^2,5.4 万 hm^2 绝收,并造成 85.3 万人和 63 万头(只)牧畜饮水困难。

春旱严重影响小麦抽穗、开花,造成冬小麦产量大幅度下降。春旱还影响适时春播,在干旱条件下,幼苗出土困难,造成缺苗断垄,使作物产量明显下降。在南方,春旱也影响早稻播种、插秧,影响旱地作物适时播种。初夏旱不利于小麦后期灌浆成熟,影响夏播作物及时播种及苗期生长发育。伏旱影响中稻灌浆,造成秕粒,晚稻缺水影响移栽,或栽后不能返青甚至旱死。北方发生伏旱,使玉米不能抽雄、吐丝,棉花停止生长,蕾铃大量脱落,严重影响作物产量。此外,伏旱还影响蓄墒,对翌年夏粮产量也产生明显影响。秋旱影响晚稻和秋作物灌浆成熟,也会给秋播造成严重影响。由于秋旱不仅影响冬小麦的播种出苗,还影响土壤蓄墒,加之春旱的影响,会造成来年夏粮和秋粮减产歉收。

干旱气候资源与可持续发展

气候资源是人类社会赖以生存、利用和发展的基本条件。干旱气候资源是气候资源中的一种,尤以干旱、半干旱地区最为典型,基本覆盖西北地区。

干旱气候资源最大特点:一是降水少;二是空气湿度低;三是光照充足;四是气温日较差大。

干旱气候资源有其两重性。干旱缺水给国民经济可持续发展带来极其严重的负面影响。但光照充足、空气湿度低、温差大有其优势一面。农业专家在20世纪90年代初就提出在河西走廊积极发展沙产业,开发耐旱耐瘠薄的作物和品种;积极调整农业结构,发展地方特色作物,如啤酒大麦、啤酒花、酿酒葡萄、人工牧草、棉花、白兰瓜等;大力发展日光温室。由于沙产业定位准确,促进了河西走廊农业的大发展。

新疆自治区和甘肃省河西走廊的内陆绿洲由于气候干燥,晴天多,光照充足,太阳辐射强,太阳总辐射量达 $6000 \sim 6600 \text{ MJ} \cdot \text{m}^{-2}$。太阳光质好,光谱中蓝、紫光的成分较多。这种光能优势使得农作物具有很大的光合生产潜力,农产品蛋白质含量较高。统计分析表明,日照时间每增加1h,苹果含糖量增加0.04%。新疆和河西走廊的棉花质量非常好,衣分达到40%左右。同时也为工业和人们生活直接利用太阳能提供了良好的条件。这些地区昼夜温差大,年平均气温日较差多达 14~16 ℃,有利于光合物质的累积,能使农作物籽粒饱满,块茎和块根个儿大,瓜果含糖量增加。河西走廊甜菜的含糖率一般达到 16%,最高年份达到 18%。甘肃省民乐县春小麦的千粒重一般在 50 g 左右,最高千粒重达 74 g。

中国农业基本上属于典型的气候型农业。要克服干旱气候资源的弊病,充分合理利用它的优势,为实现该地区农业可持续发展是当前一项深远而重大的课题。

第十四章
干旱与防灾减灾

改善生态环境

　　干旱地区是中国生态环境脆弱、气候条件复杂的地区。由于干旱缺水,恶化的生态环境,不但极大地制约着经济发展和社会进步,而且对中华民族的生存环境构成严重威胁。减轻干旱的危害,目前首要的任务是遏制住恶化的生态环境,然后统筹考虑生态环境的治理、保护和改善,谋求生态环境与经济社会的协调发展。使干旱的生态环境步入良性循环轨道。干旱地区在坚持生态环境保护优先的原则下,实施预防为主、源头控制的战略。要从根本上预防新的环境污染和生态环境破坏的产生。

　　因地制宜地开展退耕还林草与还湖工作是建设干旱地区生态环境的一种必然选择。要制定好退耕还林草的总体方案,应充分考虑植被分布的自然地带生态规律,按实际情况决定乔、灌、草的种植,使退耕还林草达到预期目的。处理好退耕与还林草的关系,依据风蚀沙化和水土流失的特点,进行统一规划,集中连片种植,因地制宜确定种树种草的形式和内容,抓住有利时机,大力发展畜牧业,做到种、管、用结合,生态措施与工程措施结合,生态效益、经济效益和社会效益的统一。

针对不同的干旱区域特征及生态环境问题,制定不同的改善生态环境方案。

西北干旱区是中国沙漠化和风沙综合防治区的重点地域。生态治理的重点要抓好三个方面工作:一是加强防沙治沙工作,重点恢复紧邻绿洲边缘的荒漠植被;二是建设山区水库,改造平原水库,改善下游生态环境;三是采取有效措施改善绿洲生态。甘肃河西地区生态环境十分脆弱,因此必须树立"南护水源,北治风沙,中保农田"的战略思想。加大对祁连山区生态的恢复与保育力度,维护水资源形成的自然机制,是实现河西地区可持续发展的根本途径。

黄土高原半干旱区是生态环境建设的重点地区。首先要积极调整农业生产结构,推进退耕还林草工作,采取工程和生物措施,加强小流域综合治理;大力推广节水灌溉技术;在水土流失严重的地区,大面积营造人工林,实施生态建设工程。

优化农业结构

农业对干旱最为敏感,也最为脆弱,受干旱影响最大。要减轻干旱对农业的影响,实现农业跨越式发展的出路是推进农业结构的调整,实现经济效益和生态效益双丰收。

据研究认为,以年降水量350～400 mm为农牧分界线。在年降水量400 mm以下地区,因地制宜,退耕还林草,以牧为主农林业为辅。种植业以耐旱作物和品种为主,如谷子、豆类、胡麻等作物。种地与养地相结合。在年降水量400～550 mm地区,部分农田仍要退耕还林草,农林牧比例协调综合发展,种植业可多种耐旱作物和品种,秋收作物的比例大于夏收作物。年降水量在 550 mm 以上的地区,以农为主,林牧为辅,秋收作物与夏收作物比例要协调发展。

发展地方特色农业和特色作物。利用当地特有的土壤、气候条件,生产特色农产品,调整作物结构,发展特色农业。如甘肃的油橄榄、黄花菜、百合、蕨菜、木耳、黑瓜子、啤酒大麦、啤酒花、酿酒葡萄、药材等。新疆的棉花、甜菜、瓜果等。云南的烤烟、花卉、药材等。特色农业要走专业化、规模化、产业化的路子,建立有地方特色的农产品品牌,提高农产品的知名度,扩大产品的外销量。

大力发展草地畜牧业。中国的主要牧区几乎全部集中在西部地区,大多在干旱半干旱区,畜牧业有很大的发展潜力和空间。这些地区要加强草原建设,增加人工牧草和改良草场面积,引进优质牧草,发展草业,采用畜产品的先进加工技术,创办现代化的畜牧产业。在农区也要建设人工牧草基地,大力发展畜牧业。甘肃省酒泉、定西等地发展牧草基地,已成为当地支柱产业之一,就是成功的范例。

发展地方非农产业与特色经济。在干旱和半干旱地区,结合当地情况,发展地方非农产业和特色经济,培育新的经济增长点。重点发展以本地农林牧产品为原料的轻工、食品加工业,以及建筑、运输、服务业,为能源基地配套的产业和富有地方特色的手工业品,转移农村剩余劳动力,根据市场结构不断调整产品结构,增强企业市场竞争力。如甘肃省的酿酒业,甘肃庆阳的剪纸手工艺等。

提高水资源的利用率

开发土壤水库

黄土高原旱作农业区,作物用水的主要来源是自然降水。这里的土壤质地良好,土层深厚,结构疏松,对水分具有良好的渗透性、持水性、移动性及其相对稳定性的特征和吐纳调节功能,素有"土壤水库"之称。开发好土壤水库,是提高水资源利用率的关键。

经估算,黄土高原 100 cm 土层可容纳 261~338 mm 的水分,相当于 666.7 m^2(1 亩)蓄水 173~225 m^3;200 cm 土层内可容纳 564~664 mm的水分,相当于 666.7 m^2 蓄水 376~443 m^3。在常年 200 cm 土层土壤水库平均贮水量只有 230~280 mm,只占库容量的 4~6 成;枯水期(贮水量低谷期)平均贮水量为 210~260 mm,仅占库容量的 3~5 成,尚有 5 成以上的库容量待雨季降水补给;就是丰水期(贮水量高峰期),平均贮水量也只有 360~500 mm,占水库容量的 6~8 成,仍有 2~4 成的库容量空虚。土壤水库 200 cm 土层在雨季可容纳 600~650 mm 的降水量,全年可接纳 800 mm 或以上的降水,承载量很大。因此,麦收后应采取增加蓄水能力的综合农业生产措施。

土壤水分的季节变化与季节降水量、作物生长等因素密切相关。一年中可分为两个阶段:即旱季失墒耗水阶段和雨季(伏秋)蓄墒贮水阶段。

第一阶段又分为冬春缓慢失墒期,从 11 月至翌年 4 月上旬,历经 150 d 以上,平均总失墒量为 50~60 mm。这时期土壤表层随温度变化而冻融交替,仍进行缓慢的蒸发。尤其在干冬、暖冬和无冬雪覆盖年份,土壤表层蒸发相对变大,土壤湿度变小,干土层加厚,是冬小麦不能安全越冬的原因之一。因此,秋末冬初及时镇压麦田,是很好的抗旱保墒措施,达到春旱冬抗的目的。早春,在土壤处于"返浆期",此期多风少雨,土壤毛细管水运行活跃,蒸发量大,故应及时结合耧施化肥,镇压耙糖麦田,中耕松土,切断毛细管作用,提墒保墒。在第一阶段的春末夏初严重失墒期,从 4 月至 6 月底或 7 月初,土壤水分由上至下处于消耗亏空阶段,平均总失墒量为 70~80 mm。此期,正值小麦拔节、抽穗、灌浆期,需水量大,然而降水量却少,要靠土壤水库的贮水量来补给,其失墒竟占水库全年失墒量的 50% 以上,是一年中失墒量最大时期。

雨季(伏秋)蓄墒贮水阶段,7~10月正值雨季,也是一年中降水的高峰期。平均净增水量130 mm左右。伏秋季节是土壤纳雨收墒和贮蓄底墒的关键期。此期温度高,土壤蒸发量大,跑墒快。因此,麦收后应尽早深耕、翻耕灭茬、及时耙糖,增加土壤的蓄水保墒能力,做到"伏雨春用",以避免春旱对小麦的危害。

土壤贮水量是旱作区小麦生产力最重要因素。试验结果表明,春季土壤贮水量对冬小麦生产至关重要,水分利用率最高为 0.91 kg·mm,秋季土壤贮水量水分利用率为 0.44 kg·mm^{-1},虽然是春季的一半,但它是春季土壤贮水量的基础,对旱作冬小麦产量的影响很大;灌浆期土壤贮水量对其产量影响较少,只有 0.01 kg·mm^{-1}。

在旱作农业区小麦产量构成要素中,土壤水分对穗粒数和穗粒重的影响最显著。说明小麦小穗分化期和灌浆期对外界环境因素的反应最为敏感,是小麦生育期中的关键生长阶段。在小麦拔节-抽穗期土壤贮水量与穗粒数、灌浆-乳熟期土壤贮水量与穗粒重的关系尤为显著。冬小麦生育前期主要以消耗土壤20~80 cm贮水层,而生育后期主要消耗60~150 cm贮水层,小麦生育进程愈往后,深层次土壤贮水量发挥的作用愈重要,发挥了积极的"补偿作用",因此要非常重视"秋雨春雨",尤其对深层100 cm以下墒情的作用。

提高土壤水库贮水量的途径要从三个方面进行:首先,平田整地,建设基本农田。修建水平梯田、条田尤其重要,它比坡耕地蓄水量多4~6成甚至1倍以上,一般可增产3~5成,有的高达1倍以上。其次,早伏耕,蓄水保墒。据测定,早耕(7月上旬)比晚耕(7月中旬)土壤含水量增加 4.7%~5.9%;深耕(20~30 cm)比浅耕(10~15 cm)土壤含水量增加 0.9%~30.0%,径流减少10%,冲刷力减少7.2%,作物增产20%~25%;伏耕闭口或雨后耙糖比伏耕开口可增加土壤贮水量 3.5%~7.8%。在降水特少、干旱严重年份,可采用免耕法,等雨耕播一次完成。最后冬春镇压,保墒提墒。据测定,0

~30 cm土壤水分冬前镇压比不镇压的绝对含水量高0.2%~2.2%,小麦单株次生根增加0.3~3.3个,单株分蘖增加1.9~2.6个;早春镇压比不镇压的绝对含水量提高0.4%,并能促使土壤水分上下运行。

实施集水节灌农业

水资源缺乏是干旱地区农村经济和社会发展的主要制约因素。不能从根本上摆脱"受制于天"的被动局面。集水节灌农业,是以天然降水富集、贮存工程为基础,以有限供水节水补灌为手段,以水的高效利用转化为核心,并以社会经济管理和技术服务保障体系为重要支持系统的技术体系。单就雨水集蓄利用而言,主要技术有集水、蓄水、用水等方面。

据测算,降水在地面的分配比例大致是:20%~35%形成初级生产力,60%~70%无效蒸发,10%~15%形成径流流失。采用雨水富集技术,把降水径流的1/2~1/3收集起来供灌溉利用。雨水集流效率随降雨量、降雨强度、下垫面结构和坡度等因素的不同而变化。为此,蓄水窖的修建位置和大小,要根据集水场地、集流效率和周围适宜灌溉农田、林地和人畜缺水的多少而确定。蓄水窖根据不同的用途,可分为灌溉型、饮水型和灌溉、饮水结合型蓄水窖三类。

对于饮水型蓄水窖和灌溉、饮水结合型蓄水窖,因离村庄较近或在村庄内,可以路面、屋面和庭院为集流场,由每家每户就地分散修建。灌溉型蓄水窖,一般离村庄较远,可选择较为完整的流域,利用道路、山坡、荒沟径流和公路涵管汇流集蓄。

采用四种集水方式:在干旱少雨地方,采取集流场与蓄水窖配套的方式,通过硬化地表、增加径流,提高蓄水能力,使小雨也能被集流贮存利用;在降水较多的地方,利用道路、胡同、场院等天然集流场,配套修建蓄水窖;在山、川、塬利用集流槽,实行涝池与泥窖配套,把涝池集流作用与蓄水窖贮存作用有机结合起来配套使用,扩大灌溉;

渠、井、窖结合,在机井周围、渠道沿线及其末端兴建蓄水窖,既可贮备水源,又可扩大灌溉。淡季贮水旺季用,闲时贮水忙时用,白天贮水夜间用。既保证了节水灌溉的需要,又缓解了用水高峰期的供需矛盾。

在年降水量 300 mm 以上的地方均可以采用实施集水蓄水技术。一般情况下,100 m^2 面积的硬化集流场或道路、场院、屋面等场地,在日降水量为 10~25 mm(中雨)时,每 10 mm 降水可分别集水 3~5 m^3 或 6~8 m^3。

甘肃省委、省政府倡导的"121 雨水集流工程",每户修建 1 个面积为 100~200 m^2 的雨水集流场,配套修建 2 个蓄水窖,富集雨水 50~100 m^3,在解决人畜饮水困难的同时,发展 1 处节灌面积为 0.13~0.33 hm^2 的田院经济。这一举措的实施,不但使干旱地区的人畜饮水困难逐步得到解决,而且可以促进大田和庭院经济的发展。充分体现了雨水集流节灌工程的价值。该项技术具有普遍意义,在年降水量 300~800 mm 的地方推广应用,将带来极大的效益。

推广旱作地膜带田

旱作地膜带田,是在旱作区同一块土地上,将两种或两种以上作物,以一定幅度条状相间,并先后给一种或两种作物覆以地膜的种植形式。它是集增温保墒、集水调水、边行优势等农田小气候效应和作物高低空间层带性、生长时间演替性、不同品种性状差异互补性等生态效应于一体的高效综合丰产栽培技术。实施旱作地膜带田,可变一年一熟作物为一年两熟,增产效益显著,是提高粮食产业化和整体发展水平、实现传统的粗放型农业生产力向现代化集约型农业生产力转化的一条重要途径。

地膜带田有效地贮存了太阳辐射,切断了地面的乱流交换和蒸发耗热,使土壤的蒸发-凝结只在地膜内形成水分循环。地膜内白天所获得的净辐射几乎都用于土壤热通量,致使膜内地温明显上升。

其增温保温效果随着天气类型、土层深度的不同而变化。以晴天增温最显著,平均可达 5~8 ℃,阴天较小,为 1~2 ℃。

由于覆膜地段土壤温度高、热量状况好,作物播种后,覆膜比不覆膜的出苗早 3~5 d,三叶期早 10 d。地膜玉米比裸地玉米全生育期早 8~10 d。覆膜小麦在越冬期叶色葱绿,随着温度的高低变化时长时停,基本没有休眠。翌年早春,覆膜麦田温度回升快,0 cm 高 5~8 ℃,5 cm 高 2~7 ℃,并于 2 月下旬迅速返青生长。而对照田于 3 月中旬开始返青生长,推迟 10 d 左右。小麦返青后,拔节、抽穗、开花直到成熟,分别比对照田提早 7 d,6 d,7 d 和 3 d 以上。对于北方晚熟冬麦区来说,小麦返青早,生育期提前,在适宜的生态环境条件下,延长小穗、小花分化期和灌浆期,能增加穗粒数和穗粒重,获得较高的产量。

麦带覆膜有效利用了太阳辐射,减少热量消耗和土壤水分蒸发,改善麦田土壤温度条件和生态环境。小麦越冬期,覆膜比不覆膜温度,0 cm 高 2~3 ℃,5 cm 高 2 ℃,10 cm 高 1~2 ℃;100 cm 土层内含水量多 30 mm。覆膜麦田白天吸收热量多,土壤湿润,夜间降温缓慢,使得温度变化较为平稳,膜内麦苗缓慢生长,继续分蘖,单位面积茎数增加了 23%~80%,无越冬死亡现象。而裸地麦苗,在无冬雪覆盖的情况下,直接受冷空气冲击,温度变化剧烈,麦苗发生冻害死亡,死亡率为 4%~23%。

地膜带田具有节水调水效应。旱作地膜带田作物的蒸散量明显小于旱地单作对照田,其差值小麦为 34~52 mm,玉米为 26~30 mm。越冬期覆膜麦田 100 cm 土层内含水量比单作麦田多 28~32 mm,土壤湿度高 1.1%~3.0%。玉米带覆膜田,100 cm 土层内含水量比单作田多 30~40 mm,土壤湿度高 1.5%~3.5%。

旱作地膜带田由于覆膜和不覆膜以及沟垄高低的差异,使土壤接纳大气降水时有相互调节作用。试验结果表明,过程降水量在 15 mm 以上时,覆膜地带给相邻地带增水 75% 左右,且某一时段降水量越大,其调水量越多,基本上是两带降水一带用。

试验结果表明,旱作小麦—玉米地膜带田,比对照单作小麦和单作地膜玉米增产41%～163%。水分利用效率为 $1.02\ kg\cdot mm^{-1}$,即 1 mm 的水分可生产粮食 1.02 kg,比单作小麦水分利用效率 $0.58\ kg\cdot mm^{-1}$ 和单作玉米 $0.99\ kg\cdot mm^{-1}$ 高 76% 和 3%。

干旱地区不但在小麦－玉米带田种植方式上覆膜,在其他种植方式或其他作物上覆膜种植,均能收到增温保墒增产的效果。试验结果表明,在年降水量 450～600 mm 半湿润区,≥10℃ 积温 2200～3000℃ 的温和区,采用地膜覆盖在保墒增温方面作用明显,效益显著。在上述指标范围内,随年降水量减少保墒能力明显增强;随≥10℃ 积温值减少增温作用明显增加,相应增产潜力显著加大。也就是说,在能种与不能种的气候边缘地带,采用地膜覆盖效果特别好。一般地区增产 30%～40%,投入产出比为 1:2,而气候边缘地带则可增产 2～3 倍,投入产出比达 1:4。

大力开发空中水资源

有人计算,空中云水资源有 28 万亿 t(仅占全球总水量的 0.002%),它虽然总量少,但其循环快,周期仅 8.7 d,比地下水及地表水循环周期为 400 a,海洋水循环周期 4000 a 要快得多。一年之内空中水可以循环 42 次,空中水量就是 1176 万亿 t,这远超出地表水的总量,为它的 8.4 倍。在西北地区,有 85% 左右的水汽直接穿过该地区上空出境,只有约 15% 形成降水;在西南地区有 20% 左右形成降水,约 80% 流出境外。

人工增雨雪是开发利用空中云水资源的主要途径。人工增雨雪的主要技术是向云中播撒人工催化剂,在冷云中用人工冰核或干冰等强冷却剂进行催化;在暖云中则用大颗粒或大水滴加强云内水滴的重力碰撞增长过程。使不具备降水的云逐渐发展为具备降水的条件,使水汽或云变为雨滴下降到地面。据大量试验结果,在一定条件下对冷云催化可增加降水量10%～25%。

目前人工增雨雪的手段,主要运用飞机、火箭、高炮和焰弹为作业工具,对0℃以下的云层施放人工冰核如碘化银等或者制冷剂,进行人工催化,以提高自然云的降水率。人工防雹,就是用火箭、高炮为作业工具,对冰雹云中冰雹生长的部位进行催化作业,增加人工冰晶以形成大量的人工雹胚,造成人工雹胚同自然雹胚争食水分,使每个雹胚都不能长大,从而达到大雹化小、小雹化雨、降低冰雹灾害的目的。

人工增雨雪在各地农业抗旱中发挥积极作用。例如,1995年河北省开展飞机人工增雨作业16架次,受益面积10万hm^2。累计增水量6 mm,费用150万元;山西省飞行29架次,受益面积17万hm^2,累计增水量4 mm,费用180万元。甘肃省飞机人工增雨作业从1991年开始,每年均收到明显效果。1997年飞行作业32架次,累计飞行105 h,航程约3.5万km,受益面积14.5万hm^2,增加降水约9亿m^3,作业成功率达95%以上,对缓解1997年的严重旱情,夺取全年粮食丰收起到了十分重要的作用。

据统计测算,飞机人工增雨的投入和效益比在1:30以上。使空中水资源可利用部分缓解陆地水资源的不足。

主要参考文献

白肇烨,徐国昌著.1998.中国西北天气.北京:气象出版社,1~51
车振学.2002.中国干旱的主要特点及对策.河北气象,21(3):38~40
陈新强,郑国光等.2001.可持续发展中的若干气候问题.北京:气象出版社,35
  ~61
陈仲全,何友松.1991.干旱气候.兰州:甘肃教育出版社,1~82
邓振镛,仇化民,李怀德.2001.陇东气候与农业开发.北京:气象出版社
邓振镛.1999.干旱地区农业气象研究.北京:气象出版社
邓振镛,林日暖.1994.河西气候与农业开发.北京:气象出版社
邓振镛.1995.高优农业气象适用技术.北京:气象出版社
丁一汇,王守荣.2001.中国西北地区气候与生态环境概论.北京:气象出版社,
  77~154
丁一汇.2002.我们未来50~100年气候与生态环境的可能变化.气象软科学,
  16~24
丁一汇.全球气候变化及其影响.见:北京气象学院.气候热点学习班幻灯片
董超华,章国材等.1999.气象卫星业务产品释用手册.北京:气象出版社,155
  ~162
董宏儒,邓振镛.1988.带田农业气候资源的利用.北京:气象出版社
冯建英等.2000.黄河上游径流量的长期演变特征.人民黄河,22(10)
冯建英,李栋梁.2001.甘肃省河西内陆河流量长期变化特征.气候与环境研
  究,5(4)
耿雷华,黄永基等.2002.西北内陆河流域水资源特点初析.水科学进展,13(4)
国家防汛抗旱总指挥部办公室等.1997.中国水旱灾害.北京,中国水利水电出
  版社,282~509
国家气候中心.2001.全国气候影响评价.北京:气象出版社,21~27
Houghton J[英].戴晓苏,石广玉,董敏,耿全震等译.2001.全球变暖.北京:气
  象出版社

胡汝骥,樊自立等.2002.中国西北干旱区的地下水资源及其特征.自然资源学报,**17**(3)

胡汝骥,马虹等.2002.新疆水资源对气候变化的响应.自然资源学报,**17**(3)

李栋梁,刘德祥.2000.甘肃气候.北京:气象出版社,243~362

李克让,林贤超.1990.中国干旱灾害.见:孙广忠,王昂生,张丕远等编.中国自然灾害.北京:学术书刊出版社,76~92

李万寿.2000.20世纪黄河源头水文水资源研究回顾与展望.青海大学学报(自然科学版),**18**(5)

李春晖,杨志峰.2002.气候变化对黄河流域水资源系统影响研究进展.地学前缘,**9**(1)

林之光.1995.地形降水气候学.北京:科学出版社,69~70

马全杰,马建华等.2000.黄河兰州以上天然径流对厄尔尼诺事件的响应.人民黄河,**22**(5)

马金珠,李吉均等.2002.气候变化与人类活动干扰下塔里木盆地南缘地下水的变化及其生态环境效应.干旱区地理,**25**(1)

欧阳惠.2001.水旱灾害学.北京:气象出版社

钱正安等.2001.干旱灾害和中国西北干旱气候的研究进展及问题,地球科学进展,**16**(1):28~35

钱林清.1991.黄土高原气候.北京:气象出版社,8~139

秦大河总主编,王绍武,董光荣主编.2002.中国西部环境演变评估(第一卷),中国西部环境特征及其演变,北京:科学出版社,71~145

瞿章,郑光,王尧奇等.1987.干旱区气候与环境.北京:气象出版社,63~68

施雅风,张丕远.1996.中国气候与海面变化及其趋势和影响①中国历史气候变化.济南:山东科学技术出版社,307~380

施雅风等.1995.西北气候变化对西北、华北水资源的影响.济南:山东科学技术出版社.

施雅风.2002.西北气候由暖干向暖湿转型的信号影响和前景初步探讨.冰川冻土,**24**(3):219~226

时兴合,张国胜,李林等.2000.青南高原大气降水变化规律及其对黄河上游地区水资源的影响.气候与环境研究,**5**(2)

汤懋苍等.1998.青藏高原近代气候变化及对环境的影响.广州:广东科技出版

社

王绍武.2001.现代气候学研究进展.北京:气象出版社,80~450

王绍武,陈振华.1993.近两千年长江黄河大旱大涝的初步研究.见:王绍武,黄朝迎等著.长江黄河旱涝灾害发生规律及其经济影响的诊断研究.北京:气象出版社,67~75

王国庆等.2002.黄河上中游径流对气候变化的敏感性分析.应用气象学报,13(1)

王国庆等.2000.气候变化对黄河上游水文的影响.河南气象,(4)

王苏民,林而达,佘之祥.2002.环境演变对中国西部发展的影响及对策.北京:科学出版社

谢金南,周嘉陵.2001.西北地区中、东部降水趋势的初步研究.高原气象,20(4):362~367

谢金南主编.2000.中国西北干旱气候变化与预测研究(第一、二卷).北京:气象出版社

谢金南,邓振镛.2001.旱区气象变幻的奥秘.北京:气象出版社

肖乾广等.1996.气象卫星监测干旱灾害的方法研究.见:中国气象局气象服务与气候司等编.气象卫星遥感技术为农业服务应用研讨会文集.22~29

徐国昌.1990.西北气候的变化和干旱化.气候——中国科学技术蓝皮书(第5号).北京:科学技术出版社,291~294

徐国昌.1997.中国干旱半干旱区气候变化.北京:气象出版社,45~85,85~98

叶笃正,黄荣辉.1999.长江黄河流域旱涝规律和成因分析.济南:山东科学技术出版社,1~60

张超,马娉琦.1989.地理气候学.北京:气象出版社,73~121

张家诚,林之光.1985.中国气候.上海:上海科学技术出版社,506~549

张家诚.1987.气候干旱化问题.见:兰州干旱气象研究所编.干旱气象文集.北京:气象出版社,4~22

张家诚.1991.中国气候总论.北京:气象出版社,306~341

张家宝,袁玉江.2002.试论新疆气候对水资源的影响.自然资源学报,17(1)

张士锋,贾绍凤.2001.降水不均匀性对黄河天然径流量的影响.地理科学进展,20(4)

张强,胡隐樵等.2000.论西北干旱气候的若干问题.中国沙漠,20(4):357~362

张养才,何维勋,李世奎.1991.中国农业气象灾害概论.北京:气象出版社,261~320

赵振国,刘海波.2002.中国短期气候预测的业务技术发展.气象软科学,9~15

中国气象局气象科学研究院.1981 中国近五百年旱涝分布图集.北京:气象出版社,1~2

中国气象局办公室.2002.降低对天气和气候极端事件的脆弱性.5~44

竺可桢.1972.中国近5000年来气候变迁的初步研究.考古学报,1972,2(1):15~38

后　记

　　气候变暖是一个全球性问题,必然对我国环境,尤其干旱地区环境产生较大影响。气温上升,导致环境演变。冰川、冻土面积减少,干旱灾害、荒漠化、沙漠化、水土流失、土地盐渍化等仍将是困扰干旱地区的重要自然灾害。在各类自然灾害中,气象灾害占70%以上。气象灾害中又以干旱造成的经济损失最为严重,由于干旱灾害发生频率高,持续时间长,影响范围广,后延影响大,对环境及农业的危害非常大,我国干旱和半干旱地区面积占国土面积的一半,这些地区水的供需矛盾日渐尖锐,干旱问题日趋严重,保护和改善生态环境,解决水资源严重不足,是这些地区开发建设和实行可持续发展战略必须首先研究和解决的重大课题。

　　干旱既是一种气候灾害,也是一种气候资源。减轻干旱灾害,充分合理利用干旱气候资源是人们非常关心的问题。气象科技与人类生活息息相关。让社会了解气象科技,让气象科技走向社会。通过气象科普工作,让各级领导和广大人民群众了解气象科技知识,应用气象科技指导生产和生活,使气象工作在社会经济发展和防灾减灾中发挥更大的作用。《干旱》这本小册子是"全球变化热门话题"丛书中的一册,我们希望广大朋友和科技工作者都喜欢这本小册子,能从中有所收益。希望该书对于推动我国气象事业和科普发展,提高国民科学文化素质,发挥积极作用。

参加本书编著的作者还有:徐启运、张存杰、冯建英、张　毅、尹东、王润元、龚建福、李耀辉、尹宪志、祝小妮。

其主要完成单位:中国气象局兰州干旱气象研究所和甘肃省气象局。

由于我们的业务技术及知识面十分有限,加上编著的时间仓促,其缺点和错误恳请读者指正。

编　者
2003 年 2 月

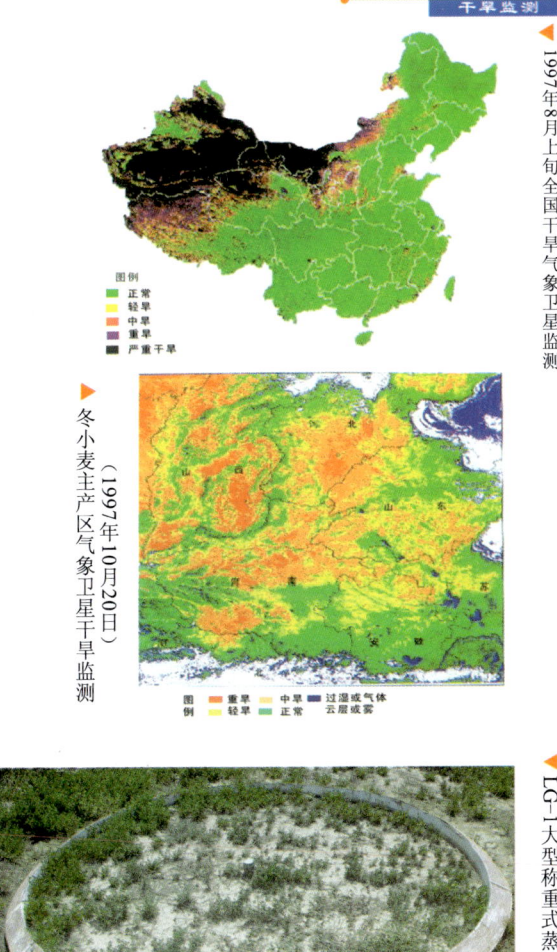

▶ 1997年8月上旬全国干旱气象卫星监测

▶ 冬小麦主产区气象卫星干旱监测（1997年10月20日）

▶ LG-1大型称重式蒸渗计监测农田蒸散

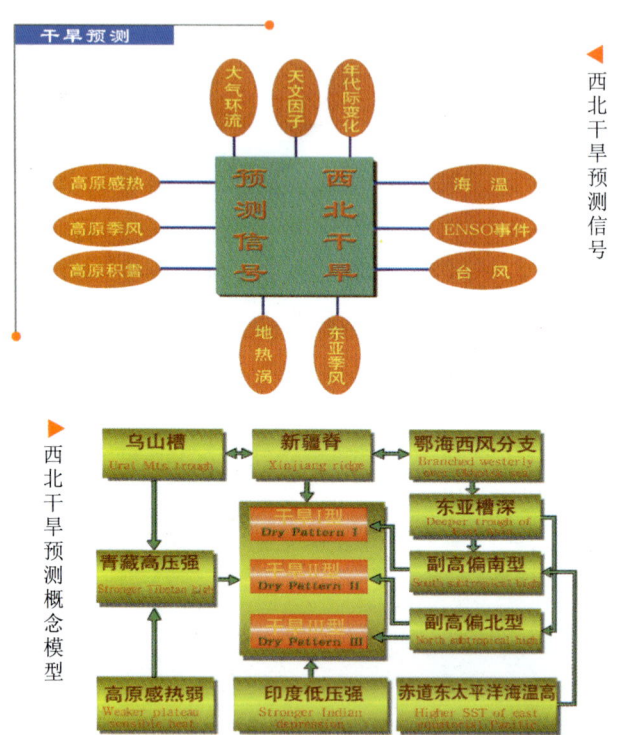

▶ 西北干旱预测信号

▶ 西北干旱预测概念模型

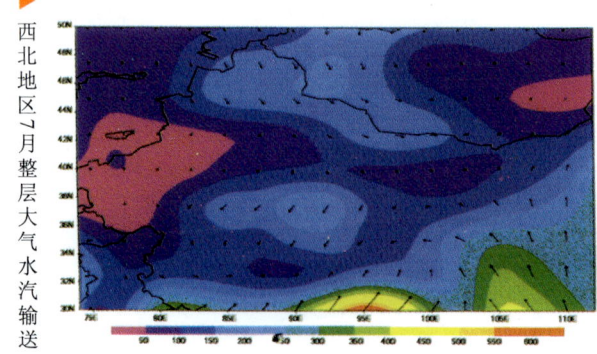

▶ 西北地区7月整层大气水汽输送